KB140988

처음 만나는 쌀 베이킹

초판 1쇄 2021년 05월 07일
개정판 1쇄 2022년 01월 28일

지은이 투제이브레드 이화영

펴낸이 조영주
펴낸 곳 도서출판 종이학

주소 인천광역시 서구 당하동 청마로 134번길 17-2
홈페이지 www.jongihak.modoo.at
이메일 jongihak11@naver.com
SNS instagram.com/jongihak11
전화번호 0505-290-3570
팩스번호 0505-290-3571

등록번호 제2017-000005호
ISBN 979-11-971222-2-4

디자인 디자인 종이학
인쇄 · 제본 도담프린팅

정가 값 28,000원

처음 만나는 쌀 베이킹

투제이브레드 이화영 지음

도서출판 종이학

P·R·O·L·O·G·U·E

쌀 베이킹 이야기를 시작하기에 앞서 우리의 에너지원으로 중요한 역할을 하는 3가지 영양소인 탄수화물, 지방, 단백질, 그중 **'탄수화물'**에 대하여 이야기해 보고자 합니다.

우리 몸의 모든 소화기관은 탄수화물을 효율적으로 사용하도록 설계되어 있는데 혀를 비롯한 미각 신경 또한 우리의 생존에 중요한 좋은 탄수화물을 선택하도록 설계되어 있습니다. 혀의 미각 구조를 살펴보면 단맛은 혀 앞부분, 신맛은 양쪽 가장자리, 짠맛은 혀 가운데, 쓴맛은 혀 안쪽 끝에서 더 강하게 느끼는 미각 신경이 분포되어 있습니다. 그런데 여기에서 주목할 부분은 단맛을 가장 강하게 느끼는 부위가 혀 앞부분이라는 것입니다. 이것은 우리 인간이 **무엇보다도 가장 먼저 원하는 음식**이 **'단 음식'**이라는 것을 알 수 있는 중요한 사실입니다. 탄수화물에 존재하는 포도당 등 당분자를 통해 우리는 단맛을 느끼게 되고, 그것이 뇌에 전달되면 행복한 감정을 이끄는 신경전달 물질 '세로토닌'이 분비됩니다.

그러나 이렇게 행복감을 주는 탄수화물이라고 하면 보통 빵이나 과자, 파스타 등 정제 탄수화물에 각종 지방과 향신료, 방부제 등 식품 첨가물이 함유된 음식을 떠올리게 됩니다. 하지만 '우리에게 행복을 느끼게 해주는 **탄수화물을 이왕이면 조금 더 건강하고 맛있게** 즐길 방법이 없을까?' **'정제된 밀가루로 즐기던 베이킹을 쌀로** 바꾸어 즐겨보면 어떨까?' 하고 오랜 기간 고민하게 되었습니다. 물론 '밀'의 경우, 정제하지 않은 통밀을 사용하면 무기질, 미네랄이 많이 함유되어 건강에 좋습니다. 하지만 식감이나 소화력 면에서 불편함을 느끼는 경우가 있기 때문에 호불호가 크게 갈립니다. 그렇다면 **'흑미 쌀가루나 현미 가루, 쌀가루 등을 활용하여** 만들어 보면 어떨까?' 하는 생각으로 다양한 쌀 베이킹을 시도해 보게 되었습니다.

물론 처음에는 쌀의 특성을 잘 이용하지 못하여 실패를 거듭하기도 했습니다. 수분만 줄이면 밀가루를 이용한 레시피처럼 완성도 높은 결과물이 나오리라 생각해 쌀가루를 불에 볶아도 보고 오븐을 이용하여 수분을 날려 보기도 하였지만 결과는 좋지 않았습니다. 고온으로 열을 가할 경우 쌀의 영양성분이 파괴될 뿐만 아니라 성질이 변할 거라는 생각을 하지 못했기 때문입니다. 또한 쌀 베이킹이 일반 베이킹보다 완성도가 좋지 않은 것은 **쌀가루는 밀가루처럼 '글루텐'이 형성되지 않아 부품성이나 탄성 등에서 밀가루보다 다루기 힘든 부분**이 있기 때문이라는 생각이 듭니다.

이 책은 보다 건강하게 탄수화물을 섭취할 수 있는 방법으로 쌀베이킹을 시도하는 과정에서 **많은 실패를 통하여 찾아낸 최적의 쌀 디저트 레시피**를 모아두었던 개인적인 자료에서 시작되었습니다. 부디 이 책이 쌀을 사랑하는 이들과 밀가루를 잘 소화해 내지 못하는 이들에게 행복한 단맛을 선물해 줄 수 있기를 바랍니다.

투제이브레드 이화영

*참고문헌 - 식품 재료학(문운당/조재선, 황성연 저), 맥두걸 박사의 자연식물식(존 맥두걸, 사이몬북스)

Chapter 1

초코 딸기 찜케이크

오븐 없이도 예쁜 케이크를 만들 수 있어요. 촉촉한 식감과 부드러운 맛을 가진 찜제누아즈의 매력을 제대로 느낄 수 있는 초코 딸기 케이크입니다.

Chapter 2

초코 찰빵

초콜릿의 달콤한 맛에 찹쌀의 쫄깃함까지 더한 찰빵은 아이들도 좋아하는 간식입니다. 만드는 과정이 간단하여 아이들과 함께 만들기에도 정말 좋아요.

Chapter 5

프랄리네 다쿠아즈

아몬드가루 듬뿍 넣어 만드는 다쿠아즈와 프랄리네의 고소한 맛이 조화로운 프랄리네 다쿠아즈입니다. 누구나 좋아하는 맛이어서 선물용으로도 참 좋아요.

Chapter 6

말차 하트 파운드케이크

소중한 사람에게 사랑을 전하고 싶을 때, 케이크 속에 마음을 담아 전해보는 것은 어떨까요? 촉촉한 파운드 케이크 속에 사랑하는 마음을 하트로 표현해 보세요.

Chapter 5
콩가루 사브레

입안에서 부드럽게 부서지는 사브레의 식감과 고소한 콩가루가 만나면
누구나 좋아하는 맛있는 구움과자가 됩니다.

Chapter 5
먹물 치즈 휘낭시에

오징어 먹물과 치즈만큼 잘 어울리는 재료가 있을까요?
짭조름한 먹물과 감칠맛 나는 치즈의 매력에 빠져보아요.

CHAPTER 04 집에서도 손쉽게 홈브런치

CHAPTER 05 선물하기 좋은 구움과자

CHAPTER 06 홈파티로 즐기는 데일리 디저트

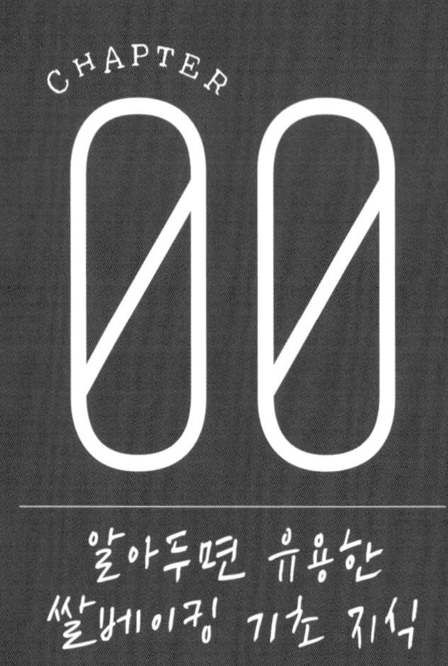

CHAPTER 00

알아두면 유용한 쌀베이킹 기초 지식

쌀베이킹을 시작하기에 앞서
베이킹을 위한 기본 도구의 쓰임새에 대하여 알아보고
여러 가지 재료의 특성과 주의할 점을 살펴보겠습니다.

1. 곡류와 쌀에 대하여

곡류(곡물)란 식물 중에서 씨를 식용으로 사용하기 위해 재배한 것을 말합니다. **영양 성분은 전분질이 60~70%, 단백질이 10% 내외이며 지방질은 2~3% 이하**로 곡류의 부위에 따라 다양하게 함유하고 있습니다.

곡류는 환경 적응성이 강하고 다른 식품 재료에 비해 단위 면적당 생산량이 많아서 열대지방에서 한대지방에 이르기까지 널리 재배되고 있습니다. 맛이 담백하여 상식(常食)으로 적합하기 때문에 유럽과 중국 등지에서는 밀을, 동남아시아 및 극동지방에서는 쌀을, 라틴아메리카에서는 옥수수를 주로 가공하여 먹고 있습니다.

곡류는 재배 시기가 한정된 반면, 수분 함량이 적고 외부에 단단한 껍질로 둘러싸여 있어 장기 저장이 가능하고 유통이 용이하기 때문에 모든 식품 재료 중 가장 중요한 식량이라고 할 수 있습니다. 우리는 이 중에서 쌀을 활용하여 베이킹에 접목해 보려 합니다.

쌀에는 전분의 성질이 다른 찹쌀과 멥쌀이 있으며, 멥쌀은 반투명하고 찹쌀은 유백색을 띱니다. 물에 불릴 경우 반투명하게 되어 찹쌀과 멥쌀을 식별하기 어렵지만, 건조시키면 찹쌀은 다시 유백색으로 변합니다. 찹쌀 전분은 차진 성분인 아밀로펙틴으로 구성되어 있고 아밀로오스 성분이 거의 없습니다. 반면 멥쌀은 아밀로오스가 찹쌀보다 많아서 찹쌀에 비해 점성이 약합니다. 또한, 찹쌀의 지방이 멥쌀보다 산, 요오드값이 높기 때문에 요오드 반응을 해보면 멥쌀은 청색, 찹쌀은 적갈색을 띠게 됩니다.

멥쌀과 찹쌀은 이렇듯 성분이 다르고 식감에도 차이가 크기 때문에 각각의 차이점을 잘 살려 베이킹에 활용하면 좋은 식감과 맛을 표현할 수 있습니다. 찹쌀의 차진 성분을 활용한 휘낭시에와 찹쌀 타르트의 식감은 멥쌀로는 만들기 어렵고, 멥쌀의 성분을 활용한 설기나 케이크의 식감은 찹쌀로는 만들어내기 어렵습니다.

쌀의 경우에는 수분 함량이 14%를 초과하면 각종 유해 미생물이 번식할 가능성이 크기 때문에 수분 함량을 14% 이하로 건조하게 되는데, 고온에서 건조하게 되면 영양소가 파괴되기도 하고 성질이 변할 수 있기 때문에 43˚C 내외의 열풍 건조하는 것이 적합합니다. 따라서 개인이 자연적으로 혹은 인공적으로 건조하기는 매우 어렵습니다. 현재 우리나라는 다양한 종류의 베이킹용 쌀가루가 유통되고 있어 쉽게 구매할 수 있지만, 외국의 경우에는 쌀가루의 종류가 다양하지 않기 때문에 성분을 잘 살펴보고 그에 맞게 활용할 필요가 있습니다.

*참고문헌 - 식품재료학(문운당/조재선.황성연 저), 쌀의 세계사(좋은책만들기/사토 요우이치로), 곡물의 역사(서해문집/한스외르크 퀴스터)

2. 쌀가루와 밀가루의 차이

글루텐의 유무

쌀가루와 밀가루의 가장 큰 차이점은 글루텐의 유무입니다.

글루텐은 각각의 특성을 지닌 두 가지 단백질(탄성이 좋은 '글루테닌'과 점착성이 강한 '글루아딘')이 혼합되어 있는 '복합물질'입니다. 이 두 가지 물질이 수분을 만나면서 '글루텐'이라는 성분을 만들어 냅니다. 글루텐은 곡류 중 밀가루에만 생성되며 다른 곡류에서는 만들 수 없습니다.

글루텐의 역할

구움과자의 경우 글루텐의 유무와 상관없이 비교적 만족스러운 결과물이 만들어집니다. 그러나 **빵을 만들 때는 반드시 글루텐이 필요합니다.** 잘 발효된 반죽 내부의 가스들이 밖으로 빠지지 않도록 표면에서 잡아주는 역할을 하는 것이 바로 글루텐이기 때문입니다.

100% 쌀가루로 빵을 만들 경우, 표면에서 막아주는 글루텐이 없기 때문에 잘 발효된 가스들이 밖으로 빠져나가게 됩니다. 따라서 오븐에서 구워질 때 부푸는 현상(오븐스프링) 없이 딱딱한 식감의 빵이 만들어지기도 합니다.

밀가루의 글루텐 함량

글루텐 함량이 가장 낮은 '박력분'만으로도 빵을 만들지 않습니다. 박력분으로 빵을 만들 경우 쫄깃함이 없고 탄력 없이 뚝뚝 끊기는 식감의 빵이 만들어지기 때문입니다. 박력분을 사용할 경우 부드러운 식감을 위해 강력분과 섞어 사용하는 것이 좋습니다.

우리나라의 경우 함유된 밀단백질의 양에 따라 밀가루를 구분하는데, 강력분은 약 11~15%, 중력분은 약 8~10%, 박력분은 약 8% 이하 함유된 것을 말합니다.

3. 쌀가루의 종류

습식쌀가루

쌀가루의 표피층은 약하기 때문에 물에 불려 으깨면 쉽게 부스러지는데, 멥쌀 또는 찹쌀을 잘 불려 물기를 뺀 후 빻은 가루를 습식쌀가루라고 합니다. 습식쌀가루는 기계로 으깨는 방식이며, **입자가 균일하지 않고 큰 편입니다. 따라서 베이킹에 있어 많은 변수가 있고 까다로운 편입니다.** 또한 수분을 많이 함유하고 있어 냉장 보관 시에도 상하기 쉽고 **미생물과 세균 번식에 취약합니다.** 따라서 보관 시에는 지퍼백에 1kg씩 소분하여 **반드시 냉동 보관해야 합니다.**

멥쌀은 주로 설기를 찌고, 찹쌀은 풀을 쑤거나 찰떡을 찔 때 사용합니다. 찹쌀파이, 찰떡 브라우니, 찰빵 등은 습식쌀가루 또는 건식 찹쌀가루를 사용합니다. 풍미 면에서는 건식쌀가루보다 습식쌀가루가 더 좋은 편입니다.

쌀가루의 성분은 밀가루와는 많이 다르기 때문에 밀가루처럼 다양한 품목의 베이킹 제품을 만들기 어려울 수 있습니다. 습식쌀가루의 비교적 거친 식감이나 쉽게 변질되는 등의 단점을 보완하기 위해 **습식쌀가루와 박력, 강력 쌀가루 등을 적절하게 혼합하여 사용하는 방법도 추천합니다.**

박력쌀가루

쌀베이킹을 시작할 때 가장 추천하는 가루는 박력쌀가루입니다. **성분은 쌀 100%(글루텐 프리)**이며, 입자가 곱고 균일합니다. 수분율을 낮추었기 때문에 사용과 보관이 용이하다는 장점이 있습니다.

박력쌀가루로 제누아즈를 만들 경우 밀가루로 만든 제누아즈와 비교하면 완성도는 낮지만, 비교적 만족스러운 결과물이 만들어집니다.

강력쌀가루

강력쌀가루는 쌀 100%(글루텐 프리)로 오해하기 쉽지만 **글루텐이 첨가된 제빵용 쌀가루입니다.** 앞서 설명한 바와 같이 빵을 만들기 위해서는 반드시 글루텐이 필요하기 때문입니다. 따라서 시판되는 강력쌀가루에는 글루텐이 첨가되어 있지만 70~80%의 주성분은 쌀로 구성되어 있어 **쌀가루 특유의 부드러운 식감의 빵을 만들 수 있습니다.** 강력쌀가루 역시 밀봉하여 상온 보관하는 것이 좋습니다.

TIP

글루텐프리 베이킹을 즐기려면?

글루텐이 반드시 필요한 빵류를 제외하고는 **강력쌀가루를 박력쌀가루로 대체하**여 글루텐프리 베이킹을 즐길 수 있습니다. (※ 강력쌀가루에 비해 박력쌀가루의 식감은 조금 가벼울 수 있습니다.)

홍국쌀가루

홍국쌀은 붉은 누룩곰팡이인 홍국균을 배양한 후 발효하여 만든 쌀로 붉은색을 띠는 것이 특징입니다.

혈액순환을 원활하게 해주고 소화가 잘 되며 설사를 멈추게 하는 효능이 있습니다. 쌀과 소량 섞어 밥을 짓거나, 레드벨벳 케이크 또는 붉은색 계열의 반죽 등 제과 · 제빵에도 많이 사용됩니다.

특유의 향을 가지고 있어 다량 사용할 경우 거부감이 있을 수 있으니 소량 사용하는 것이 좋습니다. 따라서 소분되어 있는 상품을 구입하는 것을 추천합니다.

현미가루

모든 곡물에는 표피층에 영양성분이 많습니다. 현미 역시 백미에 비해 많은 영양성분이 함유되어 있습니다. 영양을 고려하여 반죽을 배합할 경우, **일부를 현미가루로 대체하기도 합니다.**

글루텐프리 제빵용 쌀가루

글루텐을 대체할 수 있는 **식이섬유로 이루어진 파이버렉스(Fiberex)가 포함되어 있는 쌀가루입니다.** 발효 과정이 짧고 간단한 편이지만 밀가루나 강력쌀가루로 만드는 빵과는 모양과 식감에 차이가 있습니다.

4. 쌀베이킹을 위한 기본 도구

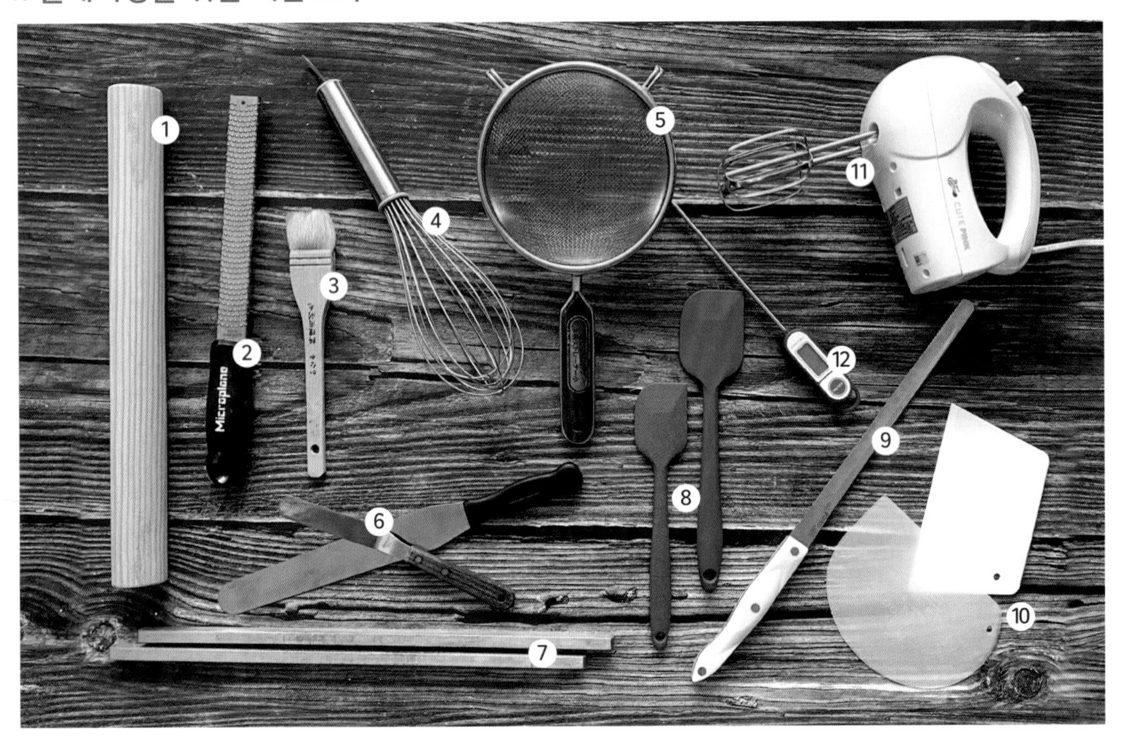

❶ 밀대

반죽의 두께를 균일하게 맞출 때나 반죽을 원하는 모양으로 만들 때 밀어 펴기 위해 사용합니다. 플라스틱과 나무 재질이 있으며 기호에 따라 선택하면 됩니다.

❷ 그레이터

레몬 껍질, 오렌지 껍질 등 과일 껍질을 갈 때나 치즈, 초콜릿 등을 갈 때 사용합니다. 손에 무리가 덜 가는 제품으로 선택하는 것이 좋습니다.

❸ 붓

계란물을 발라줄 때, 반죽에 묻은 밀가루를 털 때 등 다양하게 사용합니다. 물기가 남아 있으면 세균이나 미생물이 번식할 수 있으므로 사용 후에는 깨끗이 씻어 오븐 잔열에 바짝 말려 보관합니다.

❹ 휘퍼

가루 재료들을 혼합할 때, 액상 재료들을 수월하게 혼합할 때 사용합니다. 사이즈가 다양하므로 크기별로 구비해 놓으면 사용하기 편리합니다.

❺ 체
쌀가루, 밀가루 등의 가루 재료를 체 칠 때 사용합니다. 망의 크기에 따라 중간체, 고운체 등으로 나누어져 있으며 가루의 입자에 따라 적절히 사용합니다.

❻ 스패출러
표면을 반듯하게 정리하거나 롤케이크 반죽을 팬에 골고루 펴줄 때, 케이크 표면을 아이싱할 때 등 다양하게 사용합니다. 사이즈가 다양하므로 용도에 맞게 구비해 놓으면 좋습니다.

❼ 각봉
제누아즈 등의 시트를 자를 때나 반죽의 두께를 균일하게 맞추어야 할 때 양옆에 두고 사용합니다. 가벼운 재질보다는 무거운 재질을 선택하면 흔들림 없이 사용할 수 있습니다.

❽ 실리콘 주걱
반죽 등을 혼합하거나 볼 안의 내용물을 긁을 때 주로 사용하는데, 사이즈가 다양하므로 사이즈별로 구비해 두면 용도에 따라 유용하게 사용할 수 있습니다.

❾ 빵칼
제누아즈나 제품 등을 컷팅할 때 사용합니다. 날의 길이가 짧으면 2호 이상의 시트를 자르기에 불편하므로 날의 길이가 긴 것을 사용하는 것이 좋습니다.

❿ 스크래퍼
반죽을 모으거나 자를 때 사용합니다. 각진 스크래퍼는 반죽을 자를 때나 짤주머니의 속 반죽을 알뜰하게 모을 때 주로 사용하며, 둥글고 말랑한 스크래퍼는 빵 반죽 중간중간 반죽을 모을 때 주로 사용하고, 마카롱 제조 시 마카로나주 작업에 이용하기도 합니다.

⓫ 핸드믹서
반죽을 휘핑할 때 사용하는데 저속에서 고속까지 다양한 속도를 내주는 것이 반죽의 기포 정리를 유용하게 할 수 있으므로 단계 조절이 용이한 제품으로 선택하는 것이 좋습니다.

⓬ 온도계
내용물의 온도를 측정할 때 사용하며 빠르게 측정되는 온도계를 선택합니다. 1~2°C에도 예민하게 반응하는 반죽의 경우 결과물에 차이가 날 수 있으므로 빠른 온도 측정이 중요합니다.

⑬ 오븐

베이킹에 반드시 필요한 것은 오븐입니다. 오븐에는 다양한 제품이 있는데 용도에 따라 신중하게 선택할 필요가 있습니다. 가정에서 취미로 또는 아이들 간식으로 간단한 구움 과자류를 소량으로 만들 용도라면 소형 오븐으로도 충분합니다. 그러나 소형 오븐의 경우, 제품이 구워지는 동안 오븐 내부의 온도를 유지하기 어려워 구움 시간이 더 걸리거나 여러 개를 한꺼번에 구웠을 때 고르게 색을 내기 힘듭니다. 또한 이러한 열전달의 단점으로 인해 만들 수 있는 디저트에 한계가 있을 수밖에 없습니다. 따라서 **베이킹을 보다 전문적으로 다양하게 즐기기 위해서는 제과 · 제빵을 위한 전용 오븐이 필요합니다.**

이러한 전용 오븐은 디저트가 구워지는 동안 내부의 **온도가 일정하게 유지되고 열전달이 고르기 때문에 골고루 구워지며 많은 양을 한꺼번에 구울 수 있다는 장점이 있습니다.** 본 도서의 Chapter 2~6에서는 전용 오븐을 사용한 레시피를 소개하고 있으며 Chapter 1에서는 오븐 없이 만들 수 있는 디저트를 소개하고 있습니다.

⑭ 스탠드 믹서

주로 재료들을 혼합할 때 사용하는 것으로 작업 시간을 줄여주고, 힘이 덜 들어 베이킹을 수월하게 해줍니다. 믹서는 핸드믹서와 스탠드 믹서가 있습니다. 우선, 앞서 설명한 **핸드믹서의 경우 저렴하고 크기가 작아 초보자들이 접근하기 쉬운 도구라는 점에서는 큰 장점입니다.** 그러나 핸드믹서는 사용할 때마다 결과에 편차가 있을 수 있습니다. 또한, **믹서를 가동하는 동안 자세를 그대로 유지해야 하기 때문에** 휘핑하는 양이 늘어날수록 **손목에 많은 부담을 주게 됩니다.**

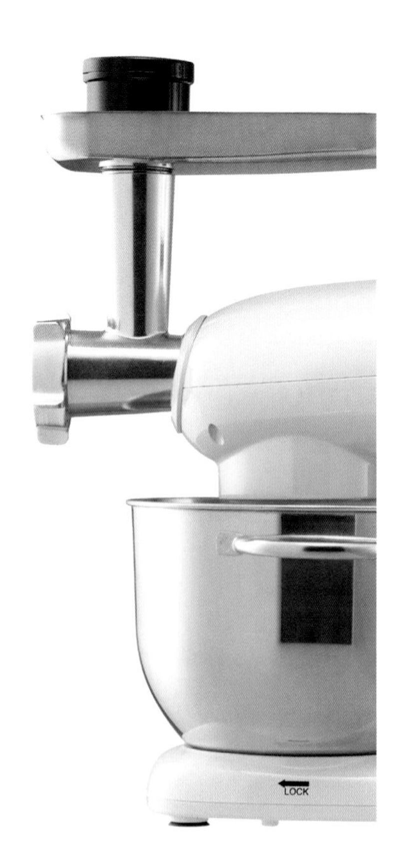

스탠드 믹서의 경우, **힘이 들지 않고** 손을 자유롭게 해주기 때문에 **동시에 다른 작업이 가능**하여 작업 효율성이 높다는 것이 가장 큰 장점입니다. 또한 마카롱이나 일부 구움과자 종류 등 휘핑에 있어 예민한 작업을 필요로 하는 디저트의 경우, 스탠드 믹서를 이용하여 **같은 속도와 시간으로 작업하면 언제나 같은 결과물을 얻을 수 있습니다.**

스탠드 믹서를 선택할 때는 용량과 믹서의 힘이 어느 정도인지 비교해 보는 것이 좋습니다. 일반적인 용도는 5쿼터 이내의 용량을 추천하며, 전문적으로 제빵을 하거나 많은 양을 만들어야 하는 경우 8쿼터~10쿼터 용량을 추천합니다. **스탠드 믹서의 경우, 가격대가 높은 것이 단점입니다. 또한 크고 무거우며 자리를 많이 차지하는 경향이 있습니다.** 핸드믹서와 스탠드 믹서의 각각의 장단점을 잘 살펴보고 용도에 맞는 것을 신중하게 선택할 필요가 있습니다. 본 도서에서는 핸드믹서와 스탠드 믹서를 모두 사용하고 있으며, 스탠드 믹서가 없는 경우 핸드 믹서로 대체할 수 있습니다.

5. 알아두면 유용한 베이킹 TIP

➲ 오븐

오븐을 예열하는 이유

낮은 온도에서 굽게 되면 반죽 내부까지 고르게 굽기 위해서 장시간 구워야 하므로 제품의 촉촉함을 잃게 됩니다. 따라서 **반죽을 넣기 전에 충분한 예열을 통해 오븐 내부의 온도를 높여 두어야 합니다.**

예열 온도

오븐 문을 여는 순간 내부의 뜨거운 공기가 외부로 빠지며 급격하게 온도가 낮아집니다. 따라서 **원하는 온도보다 높게 설정하는 것이 좋습니다.** 오븐의 사양에 따라 온도 변화가 크게 없다면 예열 온도를 10~20˚C, 온도 변화가 크다면 20~30˚C 정도 높게 설정하여 예열합니다. **예열이 끝나면 반죽을 넣은 후 다시 원하는 온도로 맞춰줍니다.**

반죽 투입

오븐 예열 온도에 도달했다고 해서 내부 온도가 구석구석 균등하게 올라간 것은 아닙니다. 내부까지 충분히 달구어야 도중에 오븐 문을 열더라도 온도가 급격히 떨어지지 않아 반죽을 최상의 상태로 구울 수 있습니다. **설정한 예열 온도에 도달하더라도 15~20분 정도 더 예열한 후 반죽을 넣어 굽는다는 것을 꼭 기억하세요.**

구움색

같은 판에 있는 반죽이라도 팬이나 열선의 위치에 따라 구워지는 정도가 다릅니다. **열을 강하게 받는 쪽의 구움 색이 빠르게 나므로 반죽이 거의 익었을 때 오븐을 열고 재빠르게 팬의 위치를 돌려주는 것이 좋습니다.** 반죽이 익기 전에 오븐을 열면 온도의 변화로 반죽이 부풀지 않을 수 있기 때문에 주의해야 합니다.

➔ 버터

버터의 크림성

실온(26~27˚C)의 버터를 잘 풀어 설탕을 넣어가며 휘핑하면 공기가 포집되는데 이러한 버터의 성질을 '크림화' 또는 '크리밍성'이라고 합니다. 노란빛을 띠는 버터가 공기 중에 노출되어 공기가 많이 포집되면 미색으로 변하면서 반죽이 한껏 부풀 수 있도록 하는 성질을 가지게 됩니다. 하지만 **녹은 버터는 이러한 크리밍 성질이 없어지게 되므로 버터의 온도를 높이거나 과하게 휘핑하지 않도록 주의해야 합니다.**

포마드버터

실온에 두어 말랑해진 상태의 버터를 '포마드버터'라고 합니다. 버터가 너무 부드럽게 녹은 상태이면 크림성을 잃게 되어 설탕을 넣어도 공기 포집이 제대로 이루어지지 않습니다. 또한, 한번 녹은 버터는 원래의 성질로 되돌아오지 않기 때문에 너무 단단하지도 너무 무르지도 않은 상태로 만들어 사용해주세요. **손가락 끝으로 눌러 보았을 때 손가락이 들어가는 정도면 적당합니다.**

타르트와 파이 속의 버터

바삭하게 부서지는 식감의 타르트나 파이의 식감을 내기 위해서는 주로 크림화하지 않은 버터를 사용합니다. 실온(26~27˚C)에 두거나 손의 열감으로 버터가 부드러워지면 사용하는데, 버터의 유지가 반죽 속의 글루텐에 스며들어 반죽이 쉽게 딱딱해지기 때문에 신속한 작업이 필요합니다. 반죽의 특성에 따라서 푸드프로세서를 이용하여 반죽하는 것도 버터를 최적화하여 이용하는 방법입니다.

버터의 유화 (버터와 전란의 혼합)

버터와 전란을 섞어줄 때는 두 재료 모두 찬기가 없는 상태여야 합니다. 설탕을 넣어 부드러운 상태의 버터 반죽에 차가운 전란을 넣으면 안정적이었던 반죽의 구조가 분리되기 때문입니다. 반대로 차가운 버터에 전란을 넣어도 마찬가지로 분리됩니다. **버터가 너무 차갑다면 랩을 씌워 손의 열감으로 따듯하게 해주거나 전자레인지에 3초씩 끊어가며 찬기를 빼줍니다.**

전란의 경우 찬기를 없애려면 중탕으로 살짝 데워줍니다. 전란의 온도가 너무 높을 경우 버터가 녹을 수 있으니 버터의 온도와 같거나 1~2˚C 정도 낮게 데워줍니다.

설탕

설탕의 보수성

전란에 거품을 낼 때 설탕을 넣으면 전란 속 수분에 설탕이 달라붙게 됩니다. 이러한 반죽 속 설탕의 성질은 생성된 기포가 잘 깨지지 않도록 도와주고, 오븐 속에서 반죽이 잘 부풀도록 도와줍니다. 우리가 공립법으로 반죽을 만들 때 전란에 설탕을 넣고 중탕하는 것 또한 전란 속에 설탕이 잘 녹아들어 반죽이 잘 부풀도록 하기 위해서입니다. 그러나 **설탕의 양을 줄일 경우 식감이 가벼워지는 반면, 반죽의 결이 거칠고 반죽의 촉촉함이나 탄력도 줄어들게 됩니다.** 따라서 밀가루, 설탕, 전란 등의 반죽 배합은 반죽의 식감과 맛을 잘 고려하여 가감해야 합니다.

전란 거품낼 때 설탕이 반드시 필요한 이유

설탕은 반죽 속 **기포의 포집**과 **안정적인 기포 유지에 관여**하기 때문에 반드시 필요합니다. 전란이 공기를 포집해 반죽 속 기포를 만들어내는 성질과 만들어진 기포를 안정적으로 잘 유지하는 성질이 균형을 이루어야만 안정적인 거품을 충분하게 얻을 수 있기 때문입니다. 또한 설탕의 양을 임의로 줄이면 반죽의 균형이 깨져 맛과 식감에 직접적으로 영향을 끼치게 됩니다.

구움색

설탕의 양이 많을수록 구움색이 진해집니다. 재료에 포함된 단백질이나 아미노산, 환원당을 고온에서 함께 가열하게 되면 갈색으로 변하고 더불어 구수한 향이 덧입혀집니다. 이를 '아미노카르보닐' 반응이라고 합니다. 밀가루, 버터, 분유, 전란에도 단백질, 아미노산, 환원당이 있어 색이 나지만 설탕을 넣으면 환원당이 많아져 색이 더 진해집니다. 당이 고온에서 열분해되어 갈색이 되고 마치 진짜 캐러멜 같은 향도 발생하게 됩니다. 여기서 더 고온에 노출되면 캐러멜 향은 탄 향으로 변하고 쓴맛으로 변하게 되므로 적절한 온도와 시간으로 구워줍니다.

➔ 전란

흰자의 선도

신선한 달걀의 흰자는 70% 내외가 '농후난백'입니다. 탱탱하고 탄력 있는 농후난백은 시간이 지날수록 흐물흐물한 '수양난백'으로 변합니다. **탄력 있는 머랭**을 만들 때는 차가운 **농후난백**을 사용하고, **쫀쫀한 식감의 마카롱 코크**를 만들 때는 **수양난백**을 사용하기도 합니다. 식감과 용도에 따라 선택합니다.

머랭 vs 전란의 거품

흰자에 설탕을 넣어 부풀리는 머랭에 비해 전란은 거품 내기가 상당히 어렵습니다. 그 이유는 전란 속 노른자와 연관이 있는데, 전란 속 노른자의 지방 성분이 기포를 파괴하기 때문입니다. 머랭에 녹은 버터를 넣으면 안정적이었던 반죽이 가라앉게 되는데 이 또한 버터 속 유지 성분이 머랭의 기포를 파괴해 불안정한 상태로 변했기 때문입니다. 따라서 머랭과 달리 유지 성분을 포함하고 있는 전란에 설탕을 넣어 만드는 반죽은 기포 안정성에서 차이가 날 수밖에 없습니다. 하지만 노른자 속의 유지는 유화제(물과 기름이 섞이도록 도와 줌)역할을 하기 때문에 다른 유지 성분들과는 다르게 어느 정도 거품을 형성하게 해주어 제누아즈나 스펀지 케이크와 같은 반죽을 만들 수 있습니다.

➔ 리큐어 (Liqueur)

반드시 넣어야 하는 재료는 아니지만 소량 넣게 되면 재료의 불필요한 향(전란의 비린내 등)을 없애주고 풍미가 살아나 디저트의 완성도를 더욱 높여주는 것이 바로 리큐어입니다. 다양한 종류가 있기 때문에 향과 특성을 고려하여 선택합니다.

디종 키르시 (Kirsch)

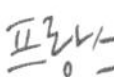

100% 체리를 증류하여 만들어 고급스러운 맛과 향을 가진 리큐어입니다. 딸기 케이크의 크림을 만들 때 소량 넣어 만들면 풍미가 매우 좋고 케이크, 무스 등 다양하게 활용 가능합니다.

쿠앵트로 (Cointreau)

프랑스

오렌지 껍질로 만든 무색의 리큐어입니다. 단맛이 강하고 부드러운 맛과 향 때문에 다양한 디저트에 사용하기 좋습니다. **취미로 제과 · 제빵을 즐기려는 분들께 꼭 추천하고 싶은 리큐어입니다.**

바카디 화이트 럼 (Bacardi white Rum) 자메이카

무색을 띠는 화이트럼은 발효 기간이 짧고 드라이한 맛이 나며, 바닐라빈을 넣어 '바닐라빈 익스트랙'으로 만들어 사용하기도 합니다. **베이킹에 반드시 있어야 하는 리큐어를 꼽으라면 화이트 럼을 추천하고 싶습니다.**

노첼로 (Nocello) 이탈리아

호두 리큐어(호두술) 중에 최고라 할 수 있을 정도로 좋은 품질입니다. 견과류가 들어간 디저트류에 소량을 넣어주면 더욱 우아한 맛과 향이 살아납니다. **호두 특유의 풍미가 깊고 맛 또한 월등합니다.**

디종 카카오 (Cacao) 프랑스

초콜릿의 원료인 카카오 원두로 만들어진 카카오 리큐어는 부드러운 향과 진한 맛을 느낄 수 있는 리큐어입니다. 커피 디저트나 티라미수 등에 사용하면 카카오의 진한 풍미를 느낄 수 있습니다.

모나크 다크 럼 (Monarch Dark Rum) 미국

화이트럼에 비해 발효 기간이 길어 진한 갈색을 띠고 풍미와 향이 매우 강합니다. 숙성기간에 따라 '화이트 럼 → 골드 럼 → 다크 럼'으로 나뉘며 브랜드가 다양하므로 원하는 제품으로 선택합니다. 다크 럼의 경우 자메이카산이 유명합니다.

팔리니 리몬첼로 (Pallini Limoncello) 이탈리아

수작업으로 선별한 레몬 제스트로 만들어지며 향과 맛이 매우 좋습니다. 진한 레몬향과 달콤한 맛이 특징이어서 케이크나 샐러드 등에 두루두루 사용하기 좋습니다.

디종 카시스 (Cassis) 프랑스

검정색 베리 알갱이가 달린 송이 모양의 카시스는 과즙이 많고 향이 풍부하여 베리류가 첨가되는 디저트에 사용하면 더욱 진한 풍미를 느낄 수 있습니다.

말리부 코코넛 럼 (Coconut rum) 스코틀랜드

럼에 코코넛과 당분을 넣어 만든 투명한 리큐어입니다. 24% 알코올 도수로 부드러운 맛을 가지고 있으며 코코넛과 어울리는 디저트에 사용하면 좋습니다.

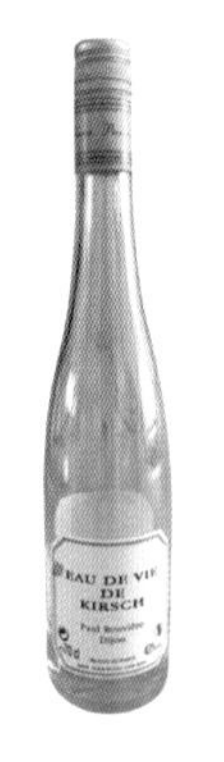

CHAPTER

01

No 오븐 쉬운 베이킹 (찜기 · 밥솥 · 가스레인지)

오븐이 없어도 얼마든지 맛있는 디저트를 만들 수 있어요.
우리 주변에서 흔히 볼 수 있는 도구들로 만드는
초간단 디저트를 소개합니다.

Chapter 1 No 오븐 쉬운 베이킹

01 건포도 컵케이크

찜케이크는 우리에게 너무나 친숙한 케이크입니다. 어릴 적 엄마가 만들어 주셨던 찜케이크를 추억하게 하지요. 만들기 쉽고 누구나 좋아하는 건포도 컵케이크를 함께 만들어 보아요.

INGREDIENTS

은박 머핀컵 6~7개 분량

전란	: 160g
설탕	: 100g
소금	: 1g
박력쌀가루	: 95g
베이킹파우더	: 3g
카놀라유	: 20g
우유	: 30g
럼	: 5g

× 건포도 전처리

건포도	: 50g
끓는 물	: 300g
럼	: 4g

● ○ ○
레벨

찜기 20분

건포도 전처리 (건포도 : 50g, 끓는 물 : 300g, 럼 : 4g)

1 끓는 물에 건포도를 담갔다가 바로 건진다.
2 체에 밭쳐두었다가 물기를 꼭 짠다.
3 럼을 넣고 버무린 후, 밀폐 용기나 지퍼백에 넣어 냉장 또는 냉동 보관한다.

건포도 컵케이크

준비하기 전란 : 160g, 설탕 : 100g, 소금 : 1g, 박력쌀가루 : 95g, 베이킹파우더 : 3g, 카놀라유 : 20g, 우유 : 30g, 럼 : 5g,

1 전란, 설탕, 소금을 넣고 중탕볼에 올려 따듯하게 데워준다. TIP (여름 36~37˚C, 겨울 38~40˚C)
2 카놀라유, 우유, 럼을 중탕볼에 올린다.
3 중탕볼에서 내려 고속 휘핑한다. 자국이 3~5초 정도 유지되었다 서서히 사라지는 정도가 되면 저속에서 1~2분 천천히 움직여가며 기포를 정리해 준다.

4 박력쌀가루, 베이킹파우더를 체 쳐 넣고 주걱 날을 세워 바닥에서 위로 뒤엎어가며 조심스럽고 재빠르게 섞어준다.
5 데워둔 카놀라유, 우유, 럼에 3.의 반죽을 일부 덜어 섞어준 후 다시 반죽에 붓고 재빠르게 섞어준다.
TIP 유지가 섞이고 난 후 오래 섞으면 반죽이 묽어져 부피감이 좋지 않아요.

6 건포도를 넣고 잘 섞어준다.

7 은박컵에 유산지를 깔고 반죽을 90% 채워 넣어준 후 건포도를 올려준다.

TIP 은박컵 바닥에 젓가락 등으로 3~4개의 구멍을 뚫어주면 조금 더 촉촉한 케이크를 만들 수 있어요.

8 김이 오른 찜기에 20분간 쪄준다.

02 호박 찜카스텔라

고소하고 달콤한 호박의 풍미가 가득! 촉촉한 찜카스텔라 입니다. 재료도 순서도 간단하지만 달콤한 맛과 부드러운 식감이 참 좋아요. 가벼운 한 끼로도 손색없어요.

INGREDIENTS

실리콘 파운드틀 2개 분량
(15.5cm X 7.5cm X 5.5cm)

전란 : 100g
노른자 : 60g
설탕 : 70g
소금 : 1g
강력쌀가루 : 70g
단호박가루 : 10g
베이킹파우더 : 5g
당절임 단호박 : 50g
버터 : 25g
우유 : 30g
럼 : 10g

×당절임 단호박

호박(4~5mm) : 100g
설탕 : 150g
물 : 300g

●○○
레벨

찜기 25분

미리 준비할 것 (버터 : 25g, 우유 : 30g, 럼 : 10g)

1 버터, 우유, 럼을 중탕볼에 올려둔다.

2 당절임 단호박은 체에 거른 후 키친타월로 물기를 제거한다.

➲ 호박 찜카스텔라

준비하기 전란 : 100g, 노른자 : 60g, 설탕 : 70g, 소금 : 1g, 강력쌀가루 : 70g, 단호박가루 : 10g, 베이킹파우더 : 5g, 당절임 단호박 : 50g

1 전란, 노른자, 설탕, 소금을 넣고 중탕볼에 올려 따듯하게 데워준다. TIP (여름 36~37˚C, 겨울 38~40˚C)

2 중탕볼에서 내려 고속으로 뽀얗게 휘핑한다. 자국이 3초 정도 유지되었다 사라지는 정도가 되면 저속에서 1~2분 기포를 천천히 움직여가며 기포를 정리해 준다.

3 쌀가루, 베이킹파우더를 체 쳐 넣고 주걱 날을 세워 바닥에서 위로 뒤엎어가며 재빠르게 섞어준다.

TIP 주걱면으로 누르지 않아요.

4 데워둔 버터, 우유, 럼에 3의 반죽 일부를 덜어 섞어준 후, 단호박가루를 넣고 잘 섞어준다.

5 다시 반죽에 붓고 당절임한 호박을 넣고 잘 섞어준다.
6 틀에 반죽을 90% 채운다.
7 김이 오른 찜기에 25분 찌고 꺼낸다.

당절임 단호박

준비하기 호박(4~5mm) 100g, 설탕 150g, 물 300g

1 냄비에 물, 설탕을 넣고 끓으면 4~5mm로 다진 단호박을 넣고 30초 후에 불을 끈다.
2 모든 재료를 통에 넣어 하루 동안 냉장 보관한다.
3 사용하기 전에 체에 거른 후 키친타월로 살짝 닦아낸다.

03 무화과 치즈머핀

무화과와 크림치즈가 만나 부드러움과 식감을 한층 살려주는 무화과 치즈 머핀은 모양만큼이나 사랑스러운 맛을 냅니다.

INGREDIENTS

은박 머핀컵 6개

크림치즈	: 50g
노른자	: 120g
설탕A	: 40g
생크림	: 20g
흰자	: 120g
설탕B	: 60g
박력쌀가루	: 100g
베이킹파우더	: 4g
다진 무화과	: 60g

레벨

찜기 20분

무화과 치즈머핀

준비하기 크림치즈 : 50g, 노른자 : 120g, 설탕A : 40g, 생크림 : 20g, 흰자 : 120g, 설탕B : 60g, 박력쌀가루 : 100g, 베이킹파우더 : 4g, 다진 무화과 : 60g

1 크림치즈를 잘 풀어준 후 노른자와 설탕 A, 생크림을 넣고 잘 휘핑한다.

2 흰자에 설탕 B를 3번에 나누어가며 중고속으로 휘핑하여 부드러운 뿔이 서는 머랭을 만든다.

3 1 의 반죽에 머랭 1/2을 넣고 주걱 날을 세워 마블이 살짝 남을 정도까지만 섞어준 후 쌀가루, 베이킹파우더를 체 쳐 넣고 재빠르게 섞어준다.

4 남은 머랭 1/2을 모두 넣고 잘 섞어준 후 다진 무화과를 넣고 섞어준다.

5 은박컵에 유산지를 깔고 반죽을 90% 정도 채워 넣는다.

TIP 은박컵 바닥에 젓가락 등으로 3~4개의 구멍을 뚫어주면 조금 더 촉촉한 케이크를 만들 수 있어요.

6 김이 오른 찜기에 20분간 쪄준다.

04 말차 크림치즈 설기

쌉싸름한 말차와 부드러운 크림치즈, 그리고 고소한 콩배기까지, 한번 맛보면 빠져나올 수 없는 매혹적인 맛의 조화를 한껏 느껴보세요.

INGREDIENTS

은박 머핀컵 8개 분량

습식 멥쌀가루	: 400g
거피팥가루	: 100g
말차가루	: 12g
설탕	: 50g
호두술	: 5g
물주기용 물	: 약간

× 속 재료

크림치즈	: 70g
설탕	: 10g
삼색 콩배기	: 60g

●○○
레벨

찜기 35분

➔ 크림치즈 필링

준비하기 크림치즈 : 70g, 설탕 : 10g, 삼색 콩배기 : 60g

1 실온(26~27˚C)에 두어 말랑해진 크림치즈에 설탕을 넣고 잘 섞어준 후 삼색 콩배기를 넣고 버무려둔다.

➔ 말차 크림치즈 설기

준비하기 습식 멥쌀가루 : 400g, 거피팥가루 : 100g, 말차가루 : 12g, 설탕 : 50g, 호두술 : 5g, 물주기용 물 : 약간

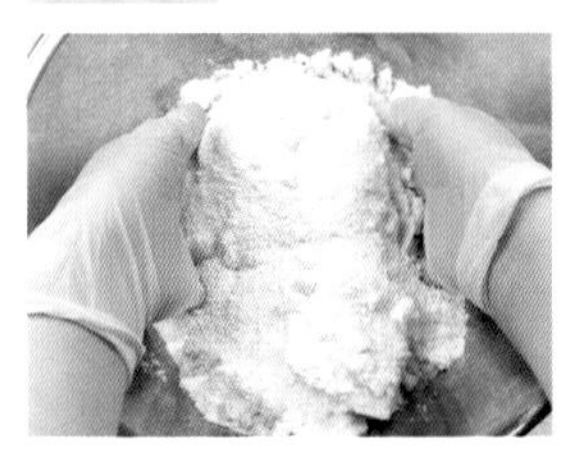
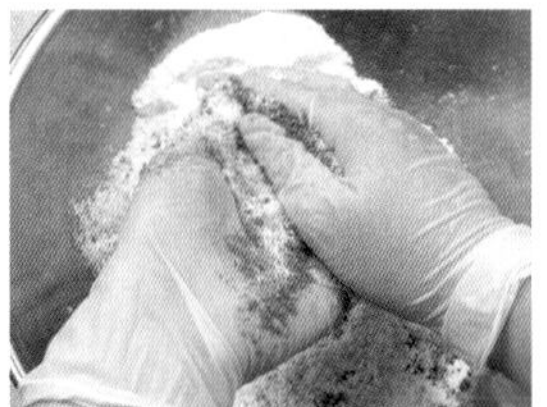

1 쌀가루와 거피팥가루를 비벼준 후 말차가루를 넣고 다시 비벼준다.

2 체에 2번 내려 곱게 준비한다.

3 호두술을 넣고 찬물을 조금씩 넣어가며 비벼준다.

4 힘을 살짝 주고 손으로 쥐었을 때 날가루 없이 뭉쳐지는 정도가 되면 물주기를 멈춘다.

TIP 가운데를 눌렀을 때 톡 하고 부서지는 정도가 적당하며, 건조한 날가루가 남아있다면 물주기를 조금 더 해주세요.

5 체에 한 번 내려준 후 설탕을 넣고 골고루 비벼준 후에 다시 한 번 체에 내려 준비한다.

6 쌀가루 1/3 넣고 속 재료(크림치즈+콩배기)를 넣어준 후 쌀가루를 덮어 은박컵을 채운다. (컵의 90% 정도까지)

TIP 은박컵 바닥에 젓가락 등으로 3~4개의 구멍을 뚫어주면 조금 더 촉촉한 케이크를 만들 수 있어요.

7 김이 오른 찜기에 25분 찌고 불을 끈 뒤 10분 후에 꺼낸다.

TIP 찜솥 뚜껑에 면보를 씌우면 물방울이 설기에 떨어져 자국이 생기는 것을 방지할 수 있어요.

05 초코 딸기 찜케이크

오븐 없이도 예쁜 케이크를 만들 수 있어요. 촉촉한 식감과 부드러운 맛을 가진 쌀찜제누아즈의 매력을 제대로 느낄 수 있는 초코 딸기 찜케이크입니다.

INGREDIENTS

원형무스링 1호(15cmX7cm)

전란 : 160g
설탕 : 110g
소금 : 1g
박력쌀가루 : 90g
베이킹파우더 : 3g
카놀라유 : 25g
우유 : 30g
코코아파우더 : 15g

× 크렘샹띠

생크림 : 300g
슈가파우더 : 25g
과일술 : 5g
딸기 : 300g

●●●
레벨

찜기 30분

미리 준비할 것

1 찜통에 키친타월 두장을 덧대고 시루밑을 깔아준다.
2 무스링을 넣고 옆면은 테프론시트, 아랫면은 원형 유산지를 깔아준다.
3 카놀라유, 우유, 코코아파우더는 잘 섞어주고 뜨거운 물에 중탕으로 데워둔다.
4 옆면 데코용 딸기는 세로로 반, 시트 사이 사이 들어가는 딸기는 슬라이스로 썰어 키친타월에 받쳐 준비한다.
5 중간 제누아즈 2장은 테두리 1cm씩 미리 잘라둔다.

쌀찜제누아즈

준비하기 전란 : 160g, 설탕 : 110g, 소금 : 1g, 박력쌀가루 : 90g, 베이킹파우더 : 3g, 카놀라유 : 25g, 우유 : 30g, 코코아파우더 : 15g

1 전란에 설탕, 소금을 넣고 중탕볼에 올려 36~38˚C까지 데우며 저어준다
2 중탕볼에서 내려 최고 속도로 휘핑한다.
3 자국이 5초 정도 유지되다 사라지는 정도까지 휘핑한다.

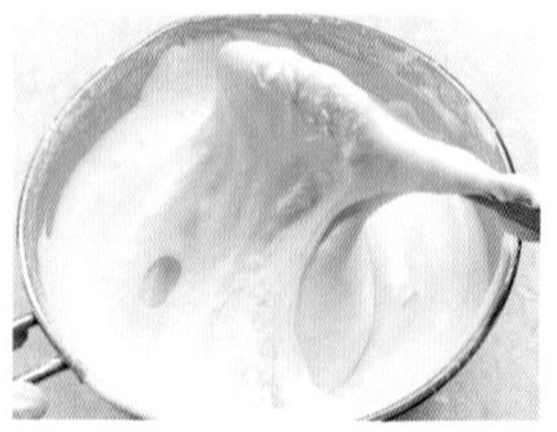

4 저속으로 1~2분간 천천히 움직이며 기포를 정리한다.
5 가루류(박력쌀가루, 베이킹파우더)를 체 쳐 넣고 주걱 날을 세워 뒤엎어가며 재빠르게 섞어준다.

TIP 과하게 섞으면 반죽이 묽어져 부피감이 좋지 않기 때문에 날가루가 보이지 않을 정도로만 빠르게 섞어주세요.

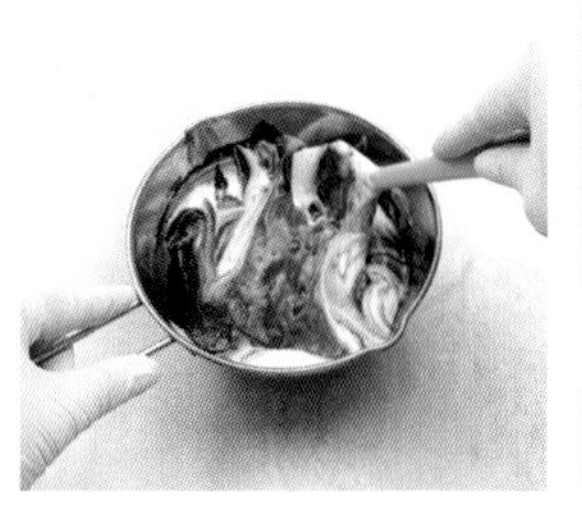

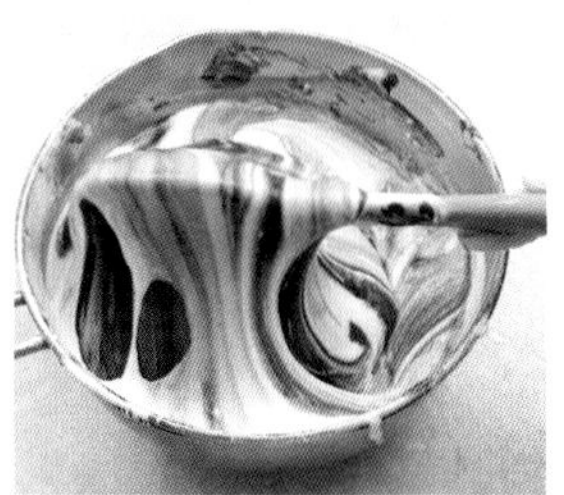

6 미리 데워둔 카놀라유, 우유, 코코아파우더에 반죽 일부를 덜어 애벌섞기 한 후 본 반죽에 다시 붓고 재빠르게 섞어준다. TIP 과하게 섞으면 반죽이 묽어져 부피감이 좋지 않아요.

7 20~30cm 위에서 부어준 후 윗면을 평평하게 살짝 다듬어준다.
8 김이 오른 찜기에 안쳐 30분간 쪄준다.

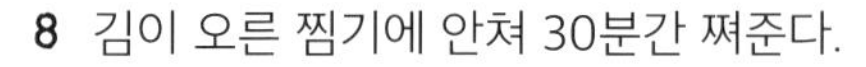

9 뒤집어 식혀준 후 바닥면의 유산지를 제거한다.
10 1cm 두께의 시트를 4장 준비한다. TIP 바닥용 시트는 1.5cm로 재단해도 좋아요.

! 오븐에서 굽는 제누아즈는 표면이 질겨져 바닥면을 5mm내외로 자르고 사용하지만 찜제누아즈는 표면까지 촉촉하게 쪄지기 때문에 바닥면을 따로 잘라낼 필요가 없어요.

크렘샹띠

준비하기 생크림 : 300g, 슈가파우더 : 25g, 과일술(쿠앵트로, 키르시 등) : 5g, 딸기 : 300g

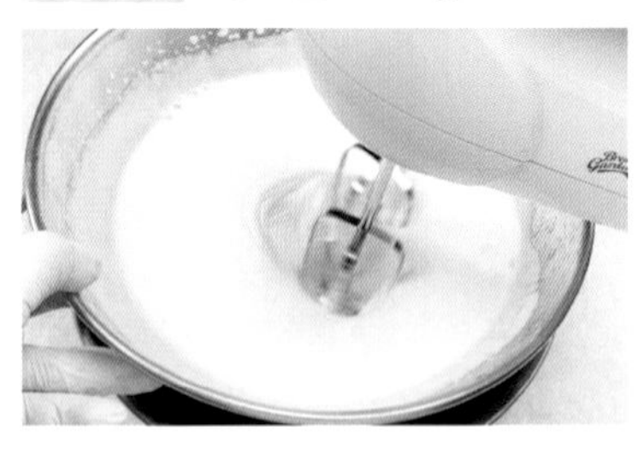

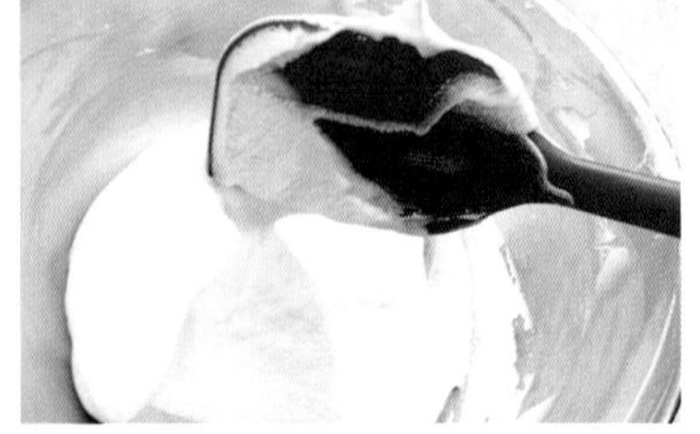

1 생크림, 슈가파우더, 과일술을 넣고 저속에서 휘핑한다.

2 살짝 단단한 뿔이 생기는 정도가 되면 멈춘다. (샌딩용 생크림: 조금 단단한 뿔, 아이싱용 생크림 : 부드러운 뿔)

TIP 생크림은 고속 휘핑할 경우 주변에 많이 튀기 때문에 처음에는 저속 휘핑하는 것이 좋아요. 동물성 생크림은 너무 단단하게 휘핑하면 분리가 일어 날 수 있으니 주의해 주세요.

초코 딸기 찜케이크

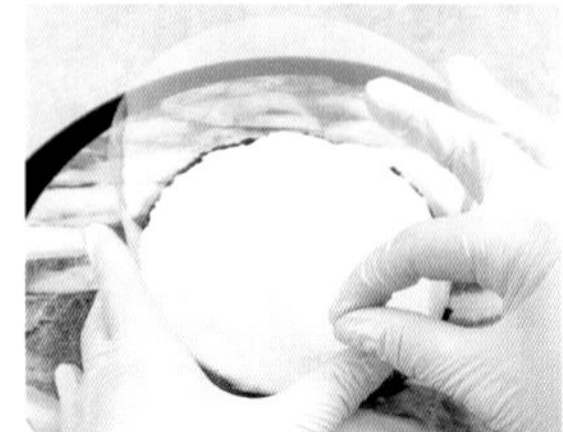
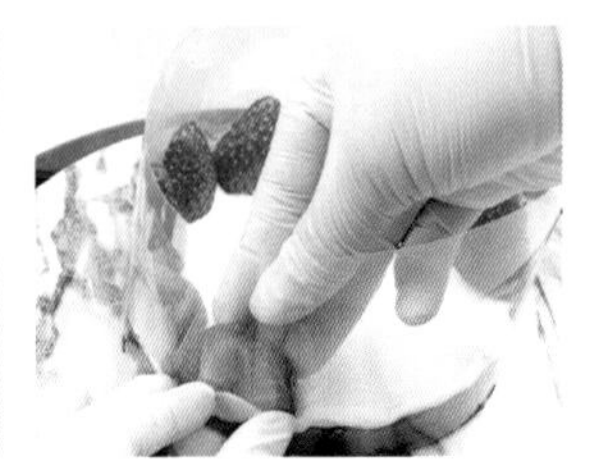

1 돌림판 위에 케이크판을 놓고 제누아즈 한 장을 올린다.

TIP 제누아즈 시트를 판에서 움직이지 않게 하려면 꿀이나 트리몰린 등을 조금 펴 바른 후 제누아즈를 올려주세요.

2 생크림을 얇게 펴 바르고 8~10cm 무스띠로 고정한 후 반으로 자른 딸기를 옆면에 둘러준다.

TIP 시트를 3장 사용할 경우 : 8cm, 시트를 4장 사용할 경우 : 10cm 무스띠를 사용하면 좋아요.

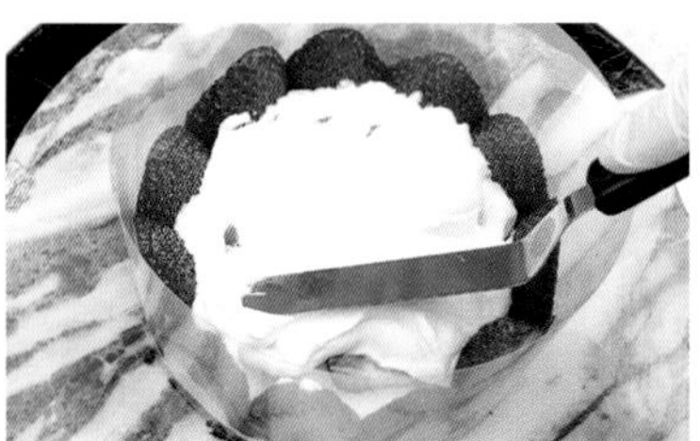

3 바닥에 슬라이스한 딸기를 얹고 생크림을 넣고 펴준다.

4 테두리 1cm 정도를 잘라낸 제누아즈를 얹은 다음 잘 눌러준다.

5 시트의 가운데에 생크림을 얇게 펴 바르고 딸기를 얹어준 후 다시 생크림으로 덮고 평평하게 다듬어준다.

6 옆면의 딸기 사이사이에는 스패출러로 잘 눌러주며 생크림으로 꼼꼼하게 채운다.

7 3.~6.을 반복한다.

8 제누아즈를 올리고 생크림을 채운 후 스패출러로 고르게 깎아낸다.

9 윗면을 딸기로 장식하고 마무리한다.

찜제누아즈는 수분이 많아 시럽이 필요 없을 정도로 부드럽지만, 수분이 많기 때문에 미생물 번식 등에 취약하므로 가급적 빨리 섭취하는 것이 좋아요.

➔ 초보자가 실패하기 쉬운 **쌀찜제누아즈**(공립법)

	반죽의 상태	재료 혼합 후의 상태
○ 안정적인 상태	기포 포집이 안정적인 상태, 리본이 3~5초 정도 유지되다가 사라지는 정도이며 미색을 띤다.	가루와 유지류가 들어간 후에도 적당한 되기를 유지한다. TIP 과하게 섞을 경우에는 묽어질 수 있으니 재빠르게 섞어주세요.
× 불안정한 상태	기포 포집이 덜 된 상태, 액체에 가까울 정도로 많이 묽고 색이 노랗다.	가루와 유지류가 들어간 후에도 반죽이 묽다.

내부 상태	식감	높이감
안정적인 기포를 형성하여 내부가 오밀조밀하다.	밀도가 적당하기 때문에 식감이 부드럽다.	높이감이 안정적이다.
기포 포집이 불안정했기 때문에 큰 기포들이 많이 보인다.	입에 달라붙는 질척한 식감에 가깝다.	안정적으로 포집한 상태에 비해 상대적으로 높이가 낮다.

06 흑임자 영양찰떡

좋아하는 견과류를 골고루 넣어 쫄깃쫄깃 차진 영양찰떡을 만들어보세요. 여기에 고소한 풍미 가득한 흑임자가루까지 넣어준다면 영양 가득한 한 끼 식사로도 충분해요.

INGREDIENTS

구름떡틀(20cm X 7cm X 5cm) 1개 분량

습식 찹쌀가루 : 500g
거피팥가루 : 100g
흑임자가루 : 20g
설탕 : 40g
소금 : 1g

× 속 재료

삼색 콩배기 : 100g
밤다이스 : 20g
피칸분태 : 30g

●●○
레벨

찜기 20분

영양찰떡

준비하기 습식 찹쌀가루 : 500g, 거피팥가루 : 100g, 흑임자가루 : 20g, 설탕 : 40g, 소금 : 1g (**속 재료** - 삼색 콩배기 : 100g, 밤다이스 : 20g, 피칸분태 : 30g

1 찹쌀가루, 거피팥가루, 흑임자가루를 중간체에 내려준다.

TIP 마지막에 체에 남은 흑임자는 버리지 않고 뒤집어서 가루에 털어주세요.

2 설탕, 소금을 넣고 골고루 섞어준 후 중간체에 내려준다.

3 삼색콩과 밤다이스, 피칸분태을 넣고 잘 섞어준다.

4 찜솥에 젖은 면보를 깔고 설탕을 흩뿌린 후 재료를 담고 면보로 덮어준다.

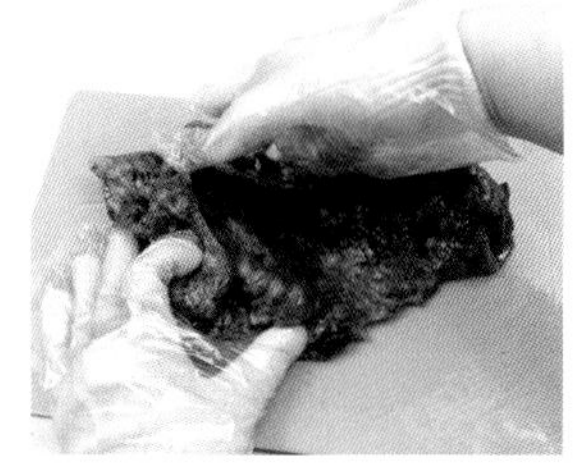

5 김이 오른 찜기에 안쳐 25분간 쪄준다.

6 틀의 각을 잘 맞추며 랩을 깔아준 후 카놀라유를 발라준다.

7 도마에 카놀라유를 바르고 찜기에서 꺼낸 찰떡을 여러번 치대준다.

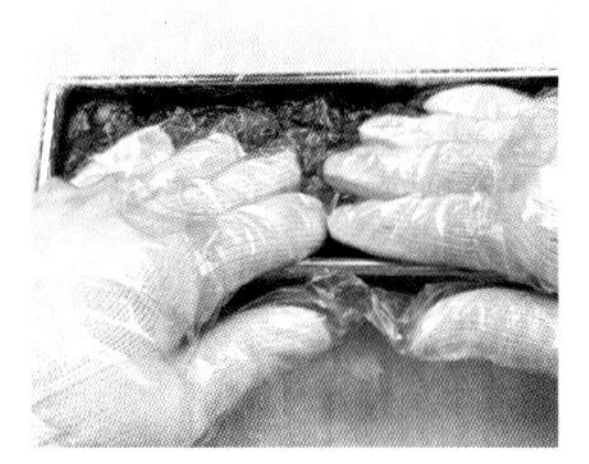

8 틀에 담아 손으로 살짝 눌러주고 랩으로 밀착 랩핑한 후 냉동실에 1시간 혹은 냉장에서 2~3시간 정도 굳힌다.

9 카놀라유를 바른 칼로 잘라준 후 랩으로 감싼다.

07 흑미 호두과자

휴게소에 가면 그냥 지나칠 수 없는 고소한 호두과자. 반죽도 너무 쉬워서 원볼 베이킹으로 끝낼 수 있어요. 남녀노소 누구나 좋아하는 맛있는 호두과자를 이제 집에서 직접 만들어 보세요.

INGREDIENTS

흑미 강력쌀가루	: 90g
아몬드가루	: 15g
베이킹파우더	: 4g
전란	: 100g
설탕	: 30g
꿀	: 10g
우유	: 50g

× 속 재료

팥앙금	: 100g
호두	: 50g

●○○ 레벨

가스 4~5분

흑미 호두과자

준비하기 전란 : 100g, 설탕 : 30g, 꿀 : 10g, 흑미 강력쌀가루 : 90g, 아몬드가루 : 15g, 베이킹파우더 : 4g, 우유 : 50g, 팥앙금 : 100g, 호두 : 50g

1 흑미 강력쌀가루, 아몬드가루, 베이킹파우더를 함께 체 쳐 준다.

2 전란, 설탕, 꿀, 우유를 넣고 휘퍼로 잘 섞어준다.

TIP 반죽이 너무 되면 작업성이 떨어지고 식감이 좋지 않기 때문에 제누아즈 반죽 정도의 되기로 맞추고, 반죽이 조금 되직할 경우 우유로 묽기를 맞춰주세요.

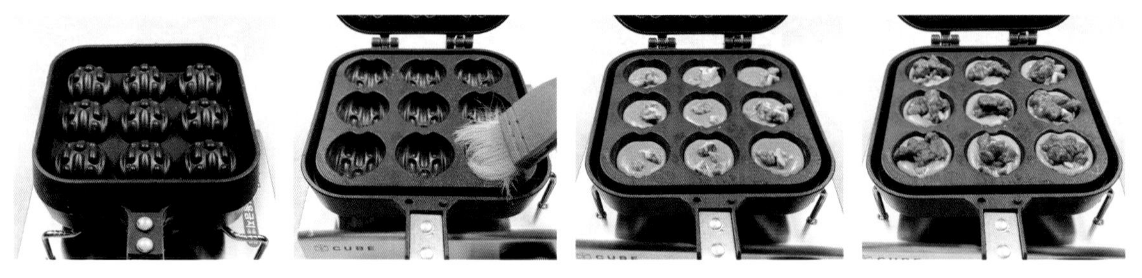

3 호두과자 틀 앞뒤로 불에 달궈준 후 포마드버터(또는 카놀라유)를 틀 안쪽에 코팅하듯 얇게 발라준다.

4 틀의 1/2만큼 반죽을 붓고 팥앙금과 호두를 올려준다.

5 반죽으로 위를 채우고 뚜껑을 닫아준다.

6 약불에서 앞뒤로 2분~2분 30초씩 구워준다.

08 쑥 건포도 찜케이크

향이 좋은 쑥과 달콤한 건포도는 궁합이 좋은 짝꿍이에요.
후루룩 만들어 밥솥에 안치기만 하면 완성!

INGREDIENTS

10인용 밥솥

전란	: 110g
노른자	: 50g
설탕	: 80g
소금	: 1g
박력쌀가루	: 90g
쑥가루	: 8g
베이킹파우더	: 4g
버터	: 25g
우유	: 40g
럼	: 10g
건포도	: 30g

●●○
레벨

밥솥 50분

미리 준비할 것

1 밥솥 내부는 카놀라유를 바른 키친타월로 닦아둔다.

2 버터, 우유, 럼을 중탕볼에 올려둔다.

쑥 건포도 찜케이크

준비하기 전란 : 110g, 노른자 : 50g, 설탕 : 80g, 소금 : 1g, 박력쌀가루 : 90g, 쑥가루 : 8g, 베이킹파우더 : 4g, 버터 : 25g
우유 : 40g, 럼 : 10g, 건포도 : 30g

1 전란, 노른자, 설탕, 소금을 넣고 중탕볼에 올려 따듯하게 데워준다. TIP 여름 36~37˚C, 겨울 38~40˚C

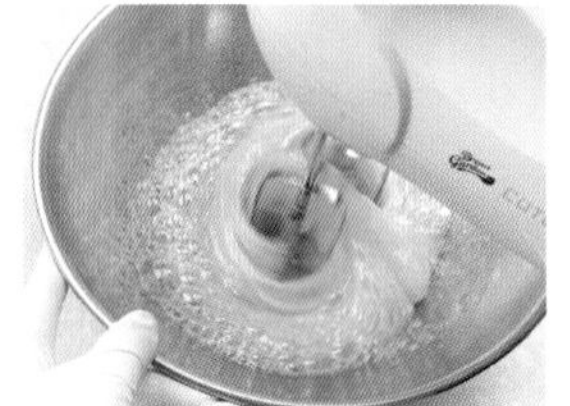
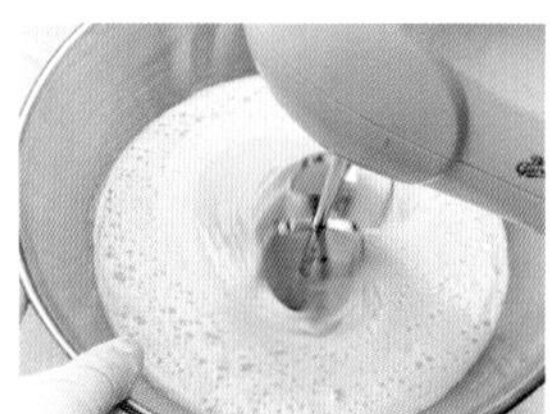

2 볼에서 내려 고속으로 휘핑한다. 자국이 3초 정도 유지되었다 사라지는 정도가 되면 저속에서 1~2분간 천천히 움직여가며 기포를 정리해 준다.

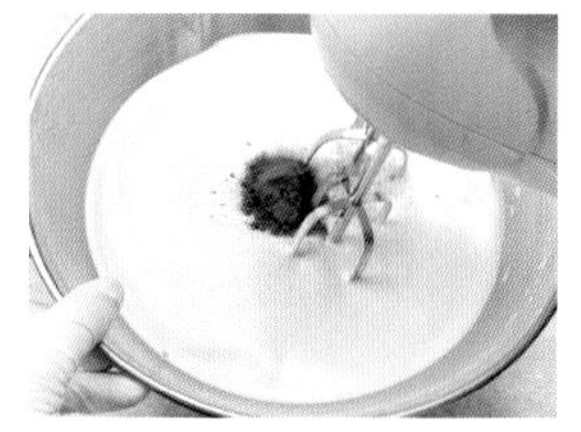
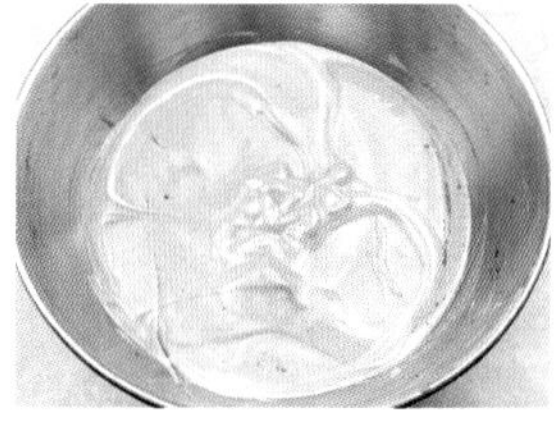

3 쑥가루를 넣고 저속에서 30초간 천천히 움직여가며 기포를 정리해 준다.

TIP 쑥가루는 체에 잘 쳐지지 않으므로 반죽 마지막에 넣어 쑥가루가 섞일 정도로만 저속으로 마무리해 주세요.

4 쌀가루, 베이킹파우더를 체 쳐 넣고 주걱 날을 세워 바닥에서 위로 뒤엎어가며 조심스럽고 재빠르게 섞어준다.

TIP 주걱면으로 누르지 않도록 조심해 주세요.

5 데워둔 버터, 우유, 럼에 3.의 반죽을 일부 덜어 섞어준 후 다시 반죽에 붓고 재빠르게 섞어준다.

6 밥솥에 반죽을 넣어준 후 건포도를 흩뿌려준다.

7 밥솥의 만능찜 모드(또는 취사 모드)로 50분간 찌고 꺼낸다.

8 한김 식으면 뒤집어 빼준다.

09 말차 찜카스텔라

말차의 깊은 향을 느낄 수 있는 말차 찜카스텔라. 우유와 함께 또는 커피와 함께 먹어도 너무 잘 어울리는 매력 만점 디저트입니다.

INGREDIENTS

10인용 밥솥

노른자	: 200g
설탕A	: 100g
흰자	: 160g
설탕B	: 80g
바닐라익스트랙	: 3방울
강력쌀가루	: 100g
말차가루	: 12g
베이킹파우더	: 5g
버터	: 60g
우유	: 120g

●●● 레벨

밥솥 50분

말차 찜카스텔라

준비하기 노른자 : 200g, 설탕A : 100g, 흰자 : 160g, 설탕B : 80g, 바닐라익스트랙 : 3방울, 강력쌀가루 : 100g, 말차가루 : 12g, 베이킹파우더 : 5g, 버터 : 60g, 우유 : 120g

1 노른자, 설탕A, 바닐라익스트랙을 중탕볼에 올려 휘퍼로 잘 저으며 온도를 올려준다.

TIP 여름철 36~37˚C, 겨울철 38~40˚C (40˚C가 넘어가면 비린내가 강해질 수 있으므로 주의해 주세요.)

2 중탕볼에 우유,버터를 올려 녹여둔다.

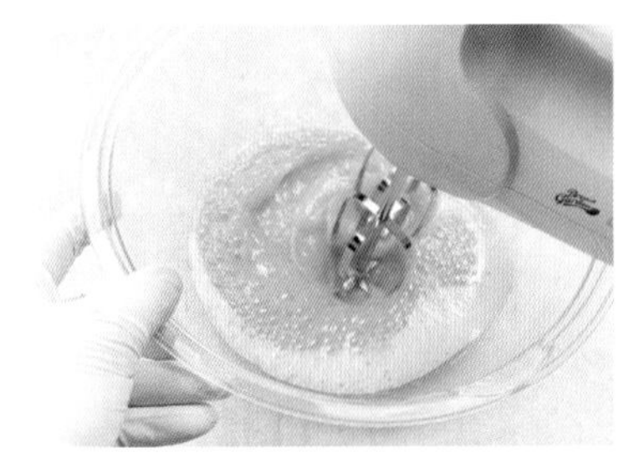
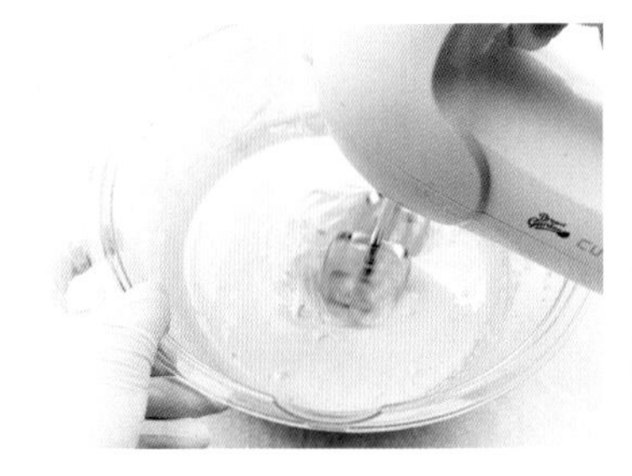

3 볼에서 내려 미색이 돌고 묵직하게 자국이 그려질 때까지 휘핑한다.
휘퍼로 리본을 그렸을 때 2~3초 정도 유지되다 사라지는 상태가 될 때까지 믹서로 휘핑한다.

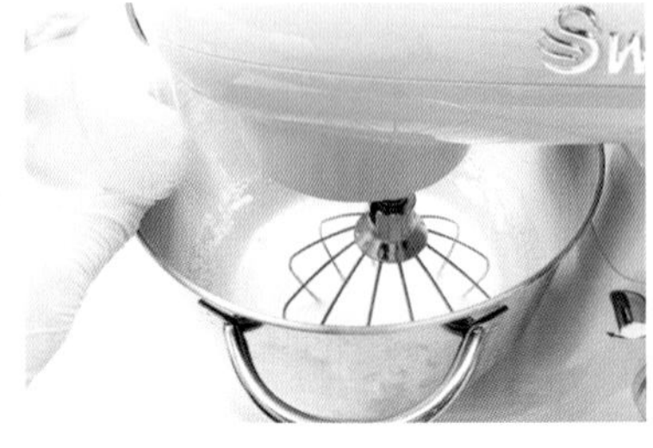

4 흰자에 설탕 B를 3번에 나누어가며 쫀쫀하고 힘 있는 머랭을 만든다.

TIP 단단한 머랭이 아닌, 부드러운 뿔이지만 쫀쫀하게 힘 있는 상태까지

5. 노른자 반죽을 주걱으로 가볍게 풀어주고, 머랭 1/2을 넣고 주걱 날을 세워 섞는다.
6. 마블이 남아있는 상태일 때 강력쌀가루와 말차가루, 베이킹파우더를 체 쳐 넣고 잘 섞어준다.

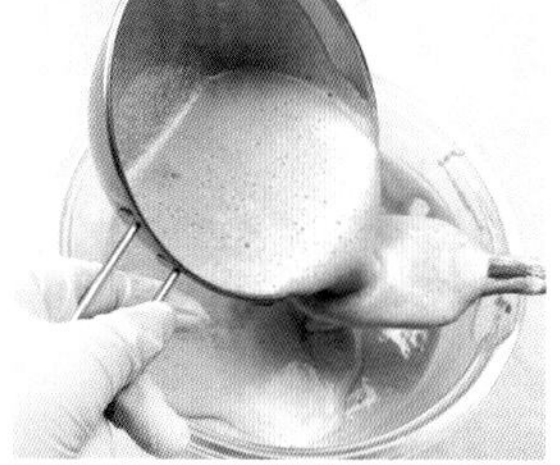

7. 남은 머랭을 모두 넣고 골고루 섞일 때까지 잘 섞어준다.
8. 따듯하게 녹여둔 우유, 버터에 반죽의 일부를 덜어 섞어준 후 다시 본 반죽에 부어 재빠르게 섞어준다.

9. 반죽을 30cm 위에서 밥솥에 붓고 바닥에 가볍게 쳐준 뒤 만능찜 모드(또는 취사 모드)로 50분간 쪄준다.
10. 한 김 식힌 후 식힘망 위에 테프론시트를 깔고 밥솥을 뒤집어 꺼낸다.

10 바닐라 치즈케이크

입안 가득 바닐라의 풍미를 한껏 즐길 수 있는 치즈케이크는 깊고 묵직한 맛으로 누구에게나 사랑받는 클래식 디저트입니다.

INGREDIENTS

10인용 밥솥

크림치즈	: 500g
설탕	: 180g
플레인요거트(무가당)	: 100g
전란	: 100g
노른자	: 50g
레몬즙	: 20g
강력쌀가루	: 10g
옥수수전분	: 10g
럼	: 10g
바닐라빈	: 1/2개

× 바닥재료

로투스 비스킷	: 120g
버터	: 45g

●●○ 레벨

밥솥 60분

미리 준비할 것

1 푸드프로세서에 로투스 비스킷을 거친 아몬드가루의 느낌으로 잘게 다져준다.
2 바닐라빈은 껍질을 반으로 갈라 칼 등으로 씨를 긁어 준비한다.

로투스 바닥 만들기

준비하기 로투스 비스킷 : 120g, 버터 : 45g

1 포마드버터에 다져놓은 로투스 비스킷를 넣고 잘 버무려준다.
2 밥솥 바닥에 원형 유산지를 깔고 로투스 비스킷를 모두 넣은 후 평평하게 꾹꾹 눌러준다.
3 가장자리에 테프론시트를 끼워주고 냉동실에 넣어 차갑게 준비한다.

바닐라 치즈케이크

준비하기 크림치즈 : 500g, 설탕 : 180g, 플레인요거트(무가당) : 100g, 전란 : 100g, 노른자 : 50g, 레몬즙 : 20g, 강력쌀가루 : 10g, 옥수수전분 : 10g, 럼 : 10g, 바닐라빈 : 1/2개

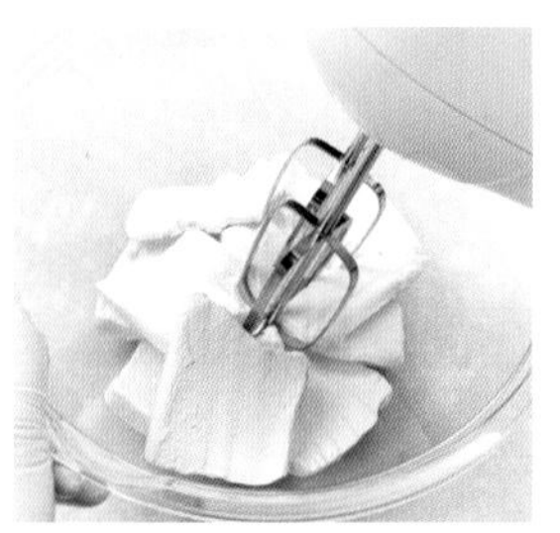

1 크림치즈를 부드럽게 풀어준 후 설탕을 넣고 충분히 휘핑한다.
2 전란, 노른자, 바닐라빈을 넣고 중속으로 휘핑한다.

 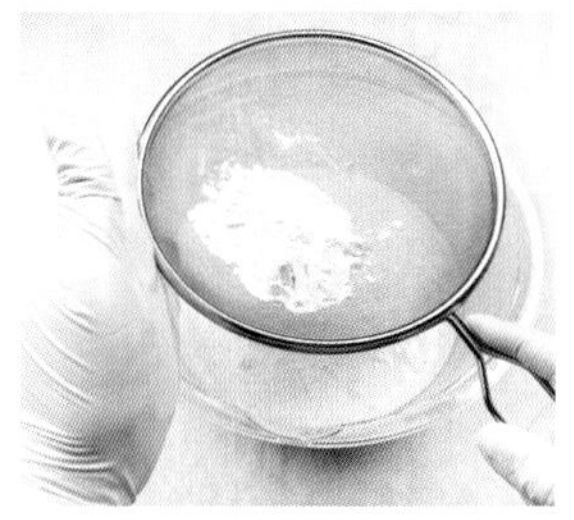 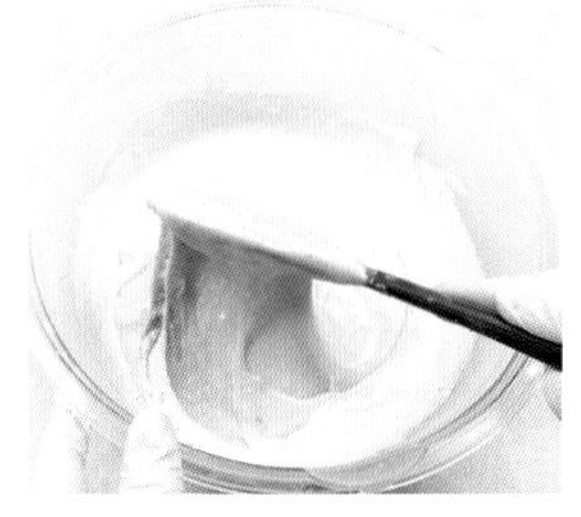 

3 플레인요거트, 럼, 레몬즙을 넣고 중속으로 휘핑한다.

4 강력쌀가루와 옥수수전분을 체 쳐 넣고 주걱 날을 세워 가루가 보이지 않도록 재빠르게 섞어준다.

5 차갑게 준비한 밥솥에 모든 반죽을 부어준다.

6 밥솥의 만능찜 모드(또는 취사 모드)로 60분간 쪄준 후 한김 식히고 랩핑 후 냉동실에서 8시간 이상 굳힌다.

7 밥솥 내부와 비슷한 사이즈의 뚜껑에 호일을 씌우고 내부에 넣은 후 뒤집어 꺼내준다.

TIP 냉동실에서 바로 꺼냈을 때는 잘 빠지지 않아요. 따듯한 수건이나 따듯한 물에 바닥을 살짝 담근 후에 빼주세요.

CHAPTER

02

오븐만으로 쉬운 베이킹

베이킹이 어렵게 느껴진다면
만들기 쉬운 디저트부터 차근차근 만들어 보세요.
오븐만으로도 충분히 멋진 디저트가 완성된답니다.

01 견과 듬뿍 찹쌀타르트

고소한 견과를 듬뿍 넣고 즐기는 찹쌀타르트는 쫀득쫀득한 식감이 매력적인 디저트입니다.

INGREDIENTS

타르트틀 (18cmX3cm)

습식 찹쌀가루	: 120g
습식 멥쌀가루	: 30g
거피팥가루	: 20g
아몬드가루	: 15g
설탕	: 30g
물	: 약간

× 속재료

반건조무화과(다진 것)	: 30g
건크랜베리	: 10g
피칸분태	: 30g
깐 밤	: 5알
럼	: 15g

× 소보로재료

박력쌀가루	: 50g
아몬드가루	: 50g
설탕	: 40g
버터	: 40g
땅콩버터	: 10g

× 필링재료

크림치즈	: 70g
전란	: 30g
노른자	: 20g
설탕	: 30g
생크림	: 50g

레벨

170˚C 40분

미리 준비할 것

1 속 재료 (반건조무화과, 건크랜베리, 깐밤, 피칸분태)에 럼을 넣고 버무려 둔다.

필링 만들기

준비하기 크림치즈 : 70g, 전란 : 30g, 노른자 : 20g, 설탕 : 30g, 생크림 : 50g

1 크림치즈를 부드럽게 풀어주고 설탕을 넣어 잘 섞어준다.
2 전란과 노른자를 넣고 잘 섞어준다.
3 생크림을 넣고 잘 섞어준 후 잠시 휴지시켜 놓는다.

소보로 만들기

준비하기 박력쌀가루 : 50g, 아몬드가루 : 50g, 설탕 : 40g, 버터 : 40g, 땅콩버터 : 10g

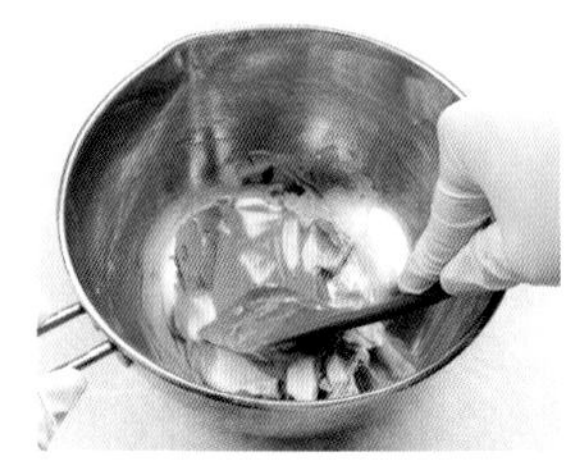

1 포마드버터와 땅콩버터를 잘 풀어준다. TIP 땅콩버터를 넣지 않을 경우, 버터의 양은 50g
2 박력쌀가루, 아몬드가루, 설탕을 넣고 주걱 날을 세워 섞다가 고슬고슬한 크럼블 상태가 될 때까지 손으로 섞어준다.
3 냉동실에 30분 정도 둔다.

TIP 한번 구운 소보로는 식감이 더욱 바삭해요. 바삭한 소보로 토핑을 원한다면 냉동해 둔 소보로를 오븐팬에 팬닝하고 170˚C에 8~10분간 구워서 식힌 후 사용합니다.

찹쌀타르트

준비하기 습식 찹쌀가루 : 120g, 습식 멥쌀가루 : 30g, 거피팥가루 : 20g, 아몬드가루 : 15g, 설탕 : 30g, 물 : 약간
(속재료-반건조무화과(다진 것) : 30g, 건크랜베리 : 10g, 피칸분태 : 30g, 깐 밤 : 5알, 럼 : 15g)

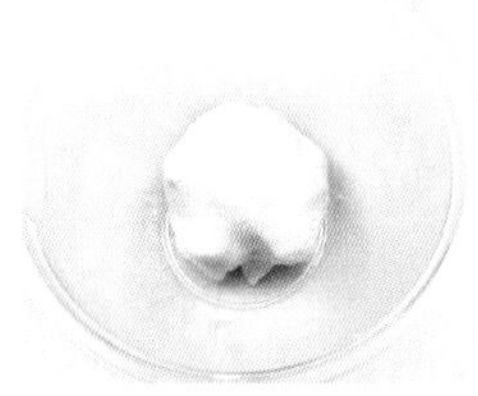

1 찹쌀가루, 멥쌀가루, 거피팥가루, 아몬드가루, 설탕에 물을 넣어가며 되기를 맞춘다.

TIP (찹쌀떡같이 말랑말랑하면서 부드러운 느낌으로) 랩핑 후, 실온(26~27˚C)에서 20~30분 정도 휴지해 주세요. 휴지하면서 조금 더 수분감이 생기므로 처음부터 너무 질게 하지 않도록 조심하고, 혹시 질게 되었다면 멥쌀가루를 조금 더 섞어 되기를 맞춰주세요.

2 타르트틀에 카놀라유를 바른 후 키친타월로 닦아내고 반죽을 넣어 모양을 만든다.

3 틀 가운데는 도톰하게 올려주고 틀 바깥쪽으로 올라올수록 얇게 펴준다.

TIP 이런 방법은 찹쌀타르트가 식은 후 먹을 때 딱딱한 식감을 보완해 줍니다.

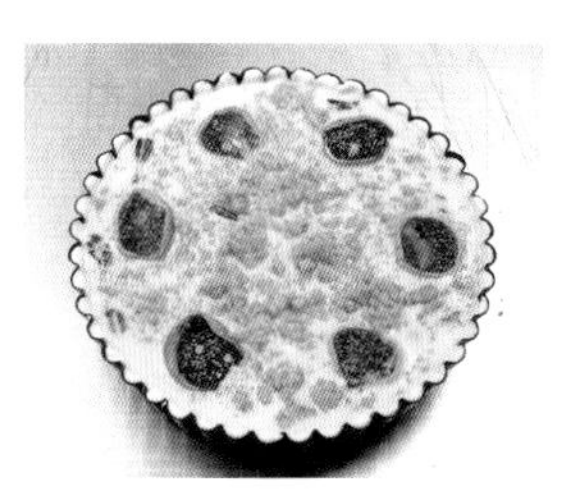

4 준비한 속 재료들을 모두 넣고 살짝씩 눌러준다.

5 필링을 붓고 소보로를 올려 170˚C 오븐에서 40~45분간 구워준다.

02 무화과 찹쌀빵

찹쌀의 쫄깃한 식감과 톡톡 씹히는 무화과의 향긋함까지 함께 즐길 수 있는 찹쌀빵입니다.

INGREDIENTS

계란빵틀 5개

습식 찹쌀가루	: 120g
강력쌀가루	: 50g
설탕	: 40g
소금	: 1g
베이킹파우더	: 5g
베이킹소다	: 1g
전란	: 60g
버터	: 20g
크림치즈	: 50g
우유	: 170g
다진 건무화과	: 50g
팥앙금	: 50g
슬라이스 아몬드	: 20g
장식용 무화과	

× 소보로재료

박력쌀가루	: 50g
아몬드가루	: 50g
설탕	: 40g
버터	: 40g
땅콩버터	: 10g

●○○ 레벨

170˚C 13분

소보로 만들기

준비하기 박력쌀가루 : 50g, 아몬드가루 : 50g, 설탕 : 40g, 땅콩버터 : 10g, 버터 : 40g

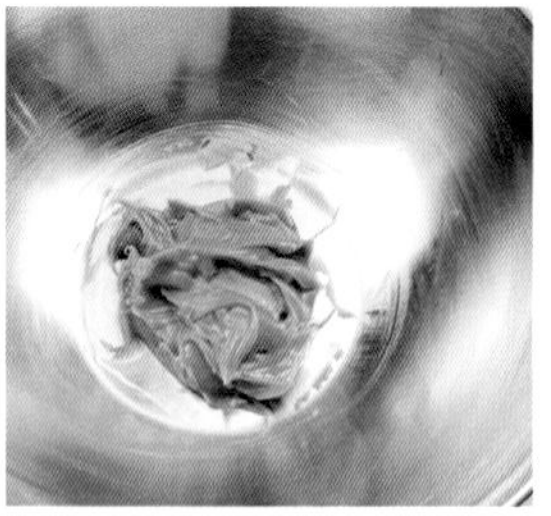

1 포마드버터와 땅콩버터를 충분히 풀어준다. TIP 땅콩버터를 넣지 않을 경우, 버터의 양은 50g

2 박력쌀가루,아몬드가루,설탕을 넣고 주걱날을 세워 섞다가 고슬고슬한 크럼블 상태가 될 때까지 손으로 섞어준다.

3 냉동에 30분 정도 둔다.

TIP 한번 구운 소보로는 식감이 더욱 바삭해요. 바삭한 소보로 토핑을 원한다면 냉동해 둔 소보로를 오븐팬에 팬닝하고 170˚C에 8~10분간 구워서 식힌 후 사용합니다.

무화과 찹쌀빵

준비하기 습식 찹쌀가루 : 120g, 강력쌀가루 : 50g, 설탕 : 40g, 소금 : 1g, 베이킹파우더 : 5g, 베이킹소다 : 1g, 전란 : 60g, 버터 : 20g, 크림치즈 : 50g, 우유 : 170g, 다진 건무화과 : 50g, 팥앙금 : 50g, 슬라이스아몬드 : 20g, 장식용 무화과

1 볼에 찹쌀가루, 설탕, 소금을 넣고, 강력쌀가루, 베이킹파우더, 소다를 체 쳐 넣는다.

2 포마드버터와 크림치즈는 휘퍼로 부드럽게 풀어준 후 전란을 넣고 섞어준다.

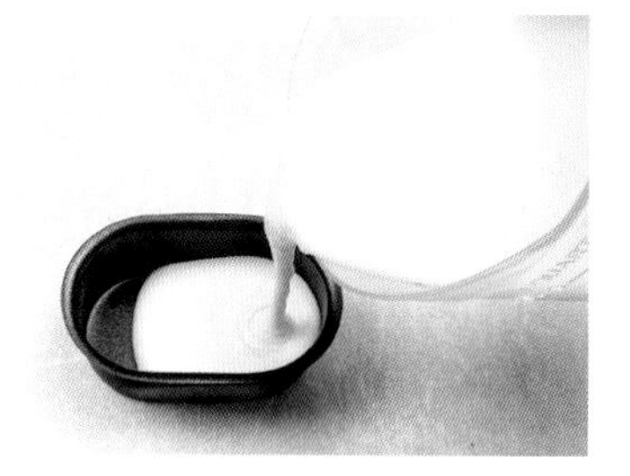

3 우유를 나누어 넣으며 잘 섞어준다. TIP 우유는 40˚C 전후로 데워 넣어주세요.

4 1.에서 준비해둔 가루류를 모두 넣고 휘퍼로 잘 섞어준 후 냉장에서 1시간 휴지한다.

5 휴지한 반죽은 주걱으로 잘 풀어서 카놀라유를 바른 계란빵틀에 1/3 정도 반죽을 채운다.

6 팥앙금 10g과 아몬드슬라이스를 넣은 후 틀의 80%까지 반죽을 채운다.

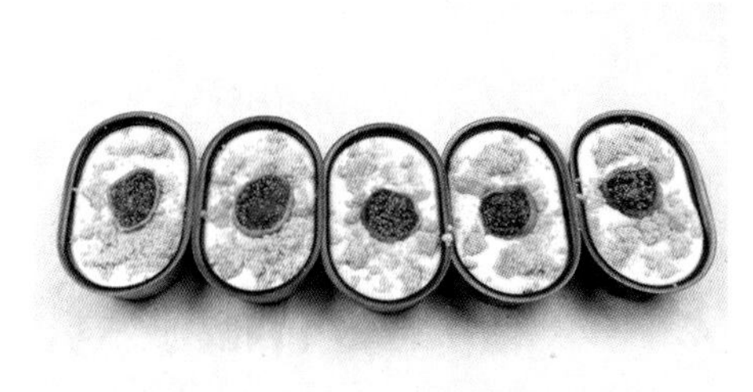

7 소보로와 무화과 장식을 올린다.

8 170˚C에서 13~15분간 구워준다.

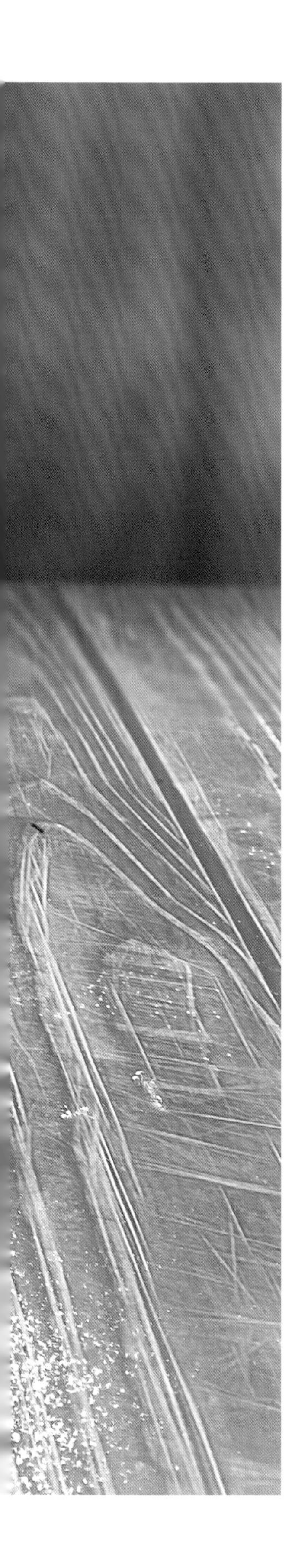

03 초코찰빵

초콜릿의 달콤한 맛에 찹쌀의 쫄깃함까지 더한 찰빵은 아이들도 좋아하는 간식입니다. 만드는 과정이 간단하여 아이들과 함께 만들기에도 정말 좋아요.

INGREDIENTS

하트틀 12구

습식 찹쌀가루	: 170g
습식 멥쌀가루	: 20g
강력쌀가루	: 20g
코코아파우더	: 12g
베이킹파우더	: 3g
전란	: 100g
노른자	: 50g
설탕	: 60g
소금	: 1g
꿀	: 20g
카놀라유	: 20g
우유	: 150g
다크초콜릿	: 100g
슬라이스아몬드(장식)	: 약간
피칸(장식)	: 약간
데코스노우(장식)	: 약간

●●○ 레벨

170˚C 15분

초코찰빵

준비하기

습식 찹쌀가루 : 170g, 습식 멥쌀가루 : 20g, 강력쌀가루 : 20g, 코코아파우더 : 12g, 베이킹파우더 : 3g, 전란 : 100g, 노른자 : 50g, 설탕 : 60g, 소금 : 1g, 꿀 : 20g, 카놀라유 : 20g, 우유 : 150g, 다크초콜릿 : 100g, 슬라이스 아몬드(장식), 피칸(장식)

1 습식쌀가루, 강력쌀가루, 코코아파우더, 베이킹파우더는 중간체에 내려 준비한다.

2 전란, 노른자, 설탕, 소금, 꿀, 카놀라유를 넣고 휘퍼로 잘 섞어준다.

3 중탕으로 녹인 다크초콜릿을 40~45˚C로 맞추어 2.에 붓고 휘퍼로 잘 섞어준 후, 볼 가장자리를 주걱으로 깨끗하게 정리해 준다.

4 미지근하게(40˚C 전후) 데운 우유를 넣고 휘퍼로 잘 섞어준다.

TIP 우유의 양이 많아 섞기가 힘들다면 2~3회 나누어 넣어도 좋아요.

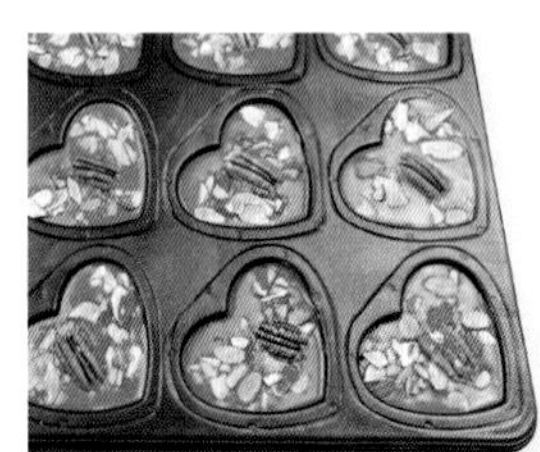

5 틀의 80%를 채워준 후 슬라이스 아몬드와 피칸으로 장식하고 데코스노우를 뿌려준다.

6 170˚C에서 15~18분간 구워준다.

04 레오 마들렌

버터 풍미 가득한 마들렌 속에 레몬과 오렌지의 상큼함이 녹아들어 기분 좋은 단맛을 냅니다. 은은한 단맛과 상큼함에 자꾸만 손이 가는 매력적인 마들렌입니다.

INGREDIENTS

마들렌 10~11개 분량

버터	: 70g
전란	: 70g
설탕	: 45g
레몬제스트	: 2g
오렌지제스트	: 2g
꿀	: 13g
소금	: 1g
박력쌀가루	: 75g
코코넛가루	: 7g
베이킹파우더	: 3g
오렌지필(2~3mm)	: 20g
쿠앵트로(오렌지리큐어)	: 5g

× 레몬 오렌지 시럽

물	: 50g
설탕	: 50g
레몬즙	: 15g
오렌지 술	: 10g
레몬 제스트	: 1g

●●○
레벨

170˚C 14분

레오 마들렌

준비하기 버터 : 70g, 전란 : 70g, 설탕 : 45g, 레몬제스트 : 2g, 오렌지제스트 : 2g, 꿀 : 13g, 소금 : 1g, 박력쌀가루 : 75g, 코코넛가루 : 7g, 베이킹파우더 : 3g, 오렌지필(2~3mm) : 20g, 쿠앵트로(오렌지리큐어) : 5g

1 레몬제스트와 설탕은 미리 섞어준다. TIP 레몬향이 훨씬 잘 우러나와요.

2 버터를 중탕으로 녹여둔다.

3 전란에 1.을 넣은 후 꿀과 소금을 넣고 중탕볼에서 휘퍼로 잘 섞어준다.
TIP 여름철: 36~38˚C, 겨울철: 38~40˚C, 40˚C 이상으로 데우면 비린내가 날 수 있으므로 주의해 주세요.

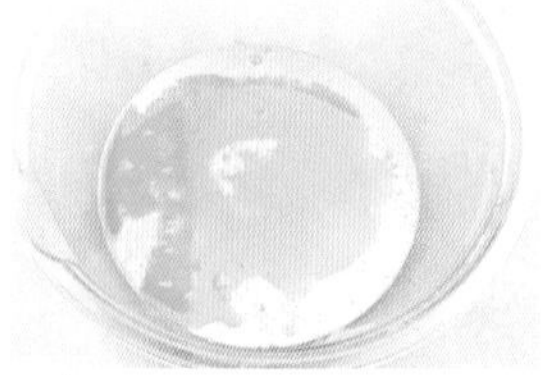
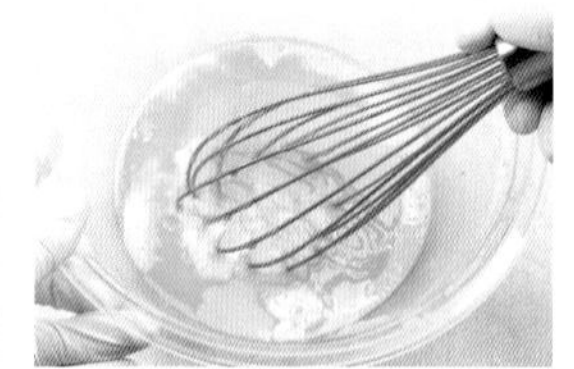

4 온도가 오르면 중탕볼에서 내려 박력쌀가루, 코코넛가루, 베이킹파우더를 체 쳐 넣고 휘퍼로 잘 섞어준다.
TIP 코코넛가루는 입자가 굵어요. 굵은 체를 사용하거나 굵은 체가 없다면 체 치지 않고 그냥 넣어주어도 됩니다.

5 45~50˚C의 버터를 한번에 붓고 휘퍼로 잘 섞어준 후 주걱으로 볼 가장자리를 정리한다.

6 잘게 다진 오렌지필과 쿠앵트로(오렌지리큐어)을 넣고 잘 섞어준다.

7 랩핑 후 냉장에서 4~5시간 휴지한다. (최소 1시간)

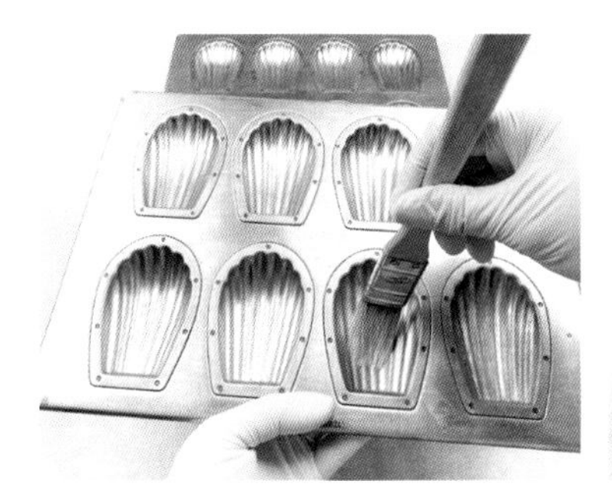

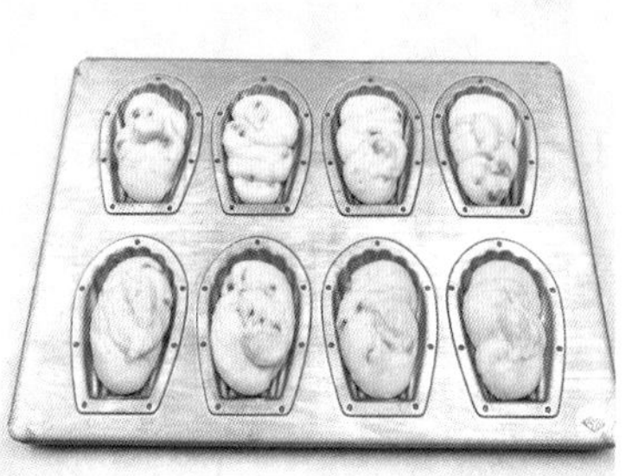

8 포마드버터를 붓으로 발라 팬에 코팅해 준다.

9 반죽을 주걱으로 풀어 짤주머니에 담고 틀의 85~90% 정도(대략 29~30g)팬닝한다.

10 170˚C에서 14~15분간 구움색을 보며 굽는다.

TIP 오븐 사양에 따라 170~180˚C 사이로 맞추어 구워주세요. 오븐 내부의 온도를 정확히 측정하기 위해 오븐 온도계를 꼭 사용해주세요.

레몬 오렌지 시럽 만들기

준비하기 물 : 50g, 설탕 : 50g, 레몬즙 : 15g, 오렌지 술 : 10g, 레몬 제스트 : 1g

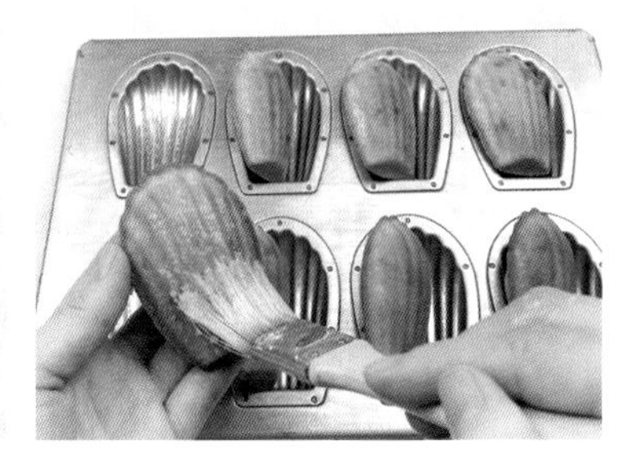

1 설탕에 끓는 물을 붓고 섞어준 후, 한 김 식으면 레몬즙과 쿠앵트로(오렌지리큐어), 레몬제스트를 넣고 다시 섞어준다.

2 식혀놓은 마들렌의 표면에 붓을 이용해 발라준다.

05 양파 치즈 마들렌

볶은 양파의 달콤함과 짭조름한 치즈가 만난 양파 치즈 마들렌입니다. 간단한 안주로도 즐길 수 있어요.

INGREDIENTS

마들렌 10~11개분

버터	: 75g
전란	: 75g
설탕	: 40g
꿀	: 10g
소금	: 0.5g
강력쌀가루	: 60g
아몬드가루	: 10g
양파분말	: 2g
파마산 치즈가루	: 3g
베이킹파우더	: 3g
후추	: 1꼬집
콜비잭치즈	: 20g
에멘탈 가공치즈	: 약간

× 양파볶음

양파	: 150g
올리브유	: 2T
후추	: 1꼬집
소금	: 1꼬집

●●○ 레벨

175°C 14분

양파치즈 마들렌

준비하기 버터 : 75g, 전란 : 75g, 설탕 : 40g, 꿀 : 10g, 소금 : 0.5g, 강력쌀가루 : 60g, 아몬드가루 : 10g, 양파분말 : 2g, 파마산 치즈가루 : 3g, 베이킹파우더 : 3g, 후추 : 1꼬집, 콜비잭치즈 : 20g, 에멘탈 가공치즈 : 약간

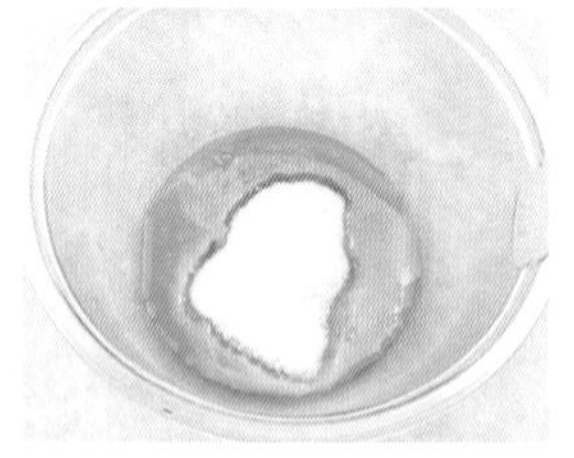
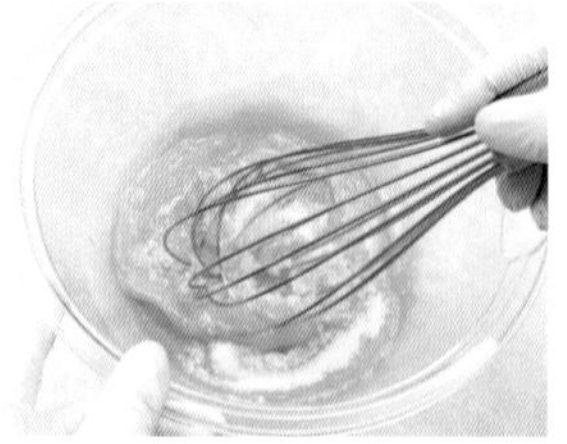

1 중탕볼에 버터를 넣어 따듯하게 녹여둔다. TIP 전자렌지로 녹일 경우 10초씩 끊어가며 여러번 돌려 녹여주세요.

2 전란, 설탕, 소금, 꿀을 중탕볼에서 휘퍼로 잘 섞어준다.

TIP 여름철: 36~38˚C, 겨울철: 38~40˚C (40˚C 이상으로 데우면 비린내가 날 수 있으므로 주의해 주세요.)

3 온도가 오르면 중탕볼에서 내려 체 친 강력쌀가루, 아몬드가루, 양파분말, 파마산 치즈가루, 베이킹파우더와 후추를 넣고 휘퍼로 잘 섞어준다.

4 45~50˚C의 버터를 한번에 붓고 휘퍼로 잘 섞어준 후 주걱으로 마무리한다.

5 콜비잭치즈와 볶은 양파를 넣고 잘 섞어준다.

6 랩핑 후 냉장에서 4~5시간 휴지한다. (최소 1시간)

7 반죽을 주걱으로 풀어 기포를 빼준 후 짤주머니에 담는다.

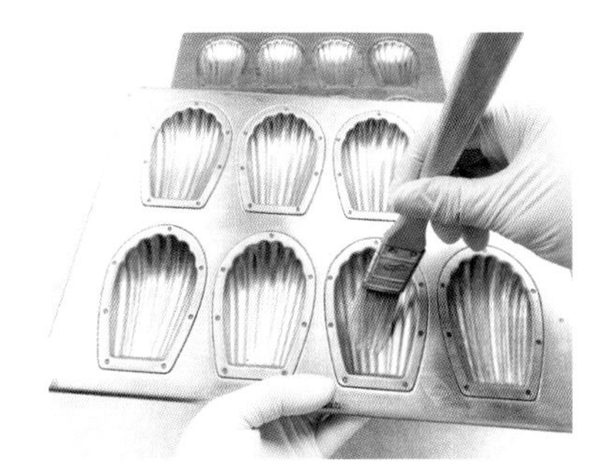
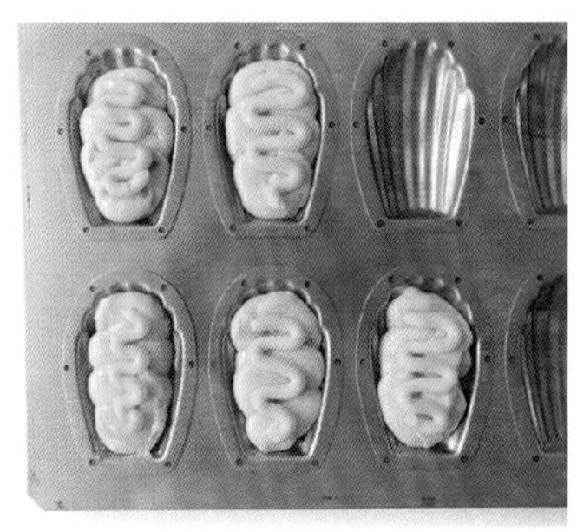

8 포마드버터를 붓으로 발라 팬에 코팅해 준다.

9 틀의 2/3 정도 반죽을 채운 후 에멘탈 치즈를 짠다.

10 175˚C에서 14분간 구움색을 보며 굽는다.

➲ 양파볶음 만들기

준비하기 양파 : 150g, 올리브유 : 2T, 후추 : 1꼬집, 소금 : 1꼬집

1 양파를 다진다. 달군 프라이팬에 올리브유를 두르고 중불로 줄인다.

2 양파를 넣고 살짝 볶다가 소금, 후추를 넣고 밝은 갈색이 될 때까지 볶아준다.

3 반죽에 넣을 때는 한 김 식힌 후 넣어준다.

06 단호박 치즈케이크

찐 단호박을 듬뿍 넣고 만드는 단호박 치즈케이크는 부담스럽지 않은 달콤함과 진한 맛이 일품이에요. 어르신들은 물론 강한 단맛을 선호하지 않는 어른들도 무난하게 즐길 수 있는 건강한 맛의 케이크입니다.

INGREDIENTS

2호 케이크틀 18cm(높이 7cm)1대 분량

크림치즈 : 420g
찐 단호박 : 100g
설탕 : 150g
꿀 : 10g
전란 : 120g
노른자 : 80g
생크림 : 170g
플레인요거트(무가당) : 80g
호두술 : 10g
강력쌀가루 : 8g
단호박가루 : 10g

●○○
레벨

220˚C 15분
200˚C 30분

단호박 치즈케이크

준비하기 크림치즈 : 420g, 찐 단호박 : 100g, 설탕 : 150g, 꿀 : 10g, 전란 : 120g, 노른자 : 80g, 생크림 : 170g, 플레인요거트(무가당) : 80g, 호두술 : 10g, 강력쌀가루 : 8g, 단호박가루 : 10g

1 케이크팬에 유산지를 넣고 바닥각에 맞추어 꼼꼼히 접어 준비한다.

2 크림치즈를 중속으로 부드럽게 풀어준 후 찐 단호박을 넣고 골고루 섞이도록 잘 휘핑한다.

3 설탕, 꿀을 넣고 골고루 섞일 정도로만 가볍게 섞어준다. TIP 설탕이 다 녹지 않아도 됩니다.

4 전란, 노른자를 5~6회에 나누어 넣으며 저속으로 휘핑한다.

5 생크림, 플레인요거트, 호두술을 넣고 저속으로 잘 섞어준다.

6 강력쌀가루와 단호박가루를 체 쳐 넣고 주걱으로 잘 섞어준다.

7 유산지를 깐 팬에 반죽을 붓고 220˚C에서 15분 굽고, 200˚C로 내려 30분간 더 구워준다.

8 한 김 식으면 냉장에서 하루 이상 혹은 냉동실에서 8시간 이상 굳힌다.

TIP 냉장 : 부드럽고 쫀쫀한 식감 / 냉동 : 진하고 꾸덕한 식감

CHAPTER

03

손 반죽으로 만드는 건강한 쌀빵

반죽 기계가 없어도 손 반죽으로 쌀빵을 만들 수 있어요.
힘이 들기는 하지만 정성이 가득하여 더욱 특별하답니다.
투박한 매력의 손 반죽 쌀빵을 직접 만들어보세요.

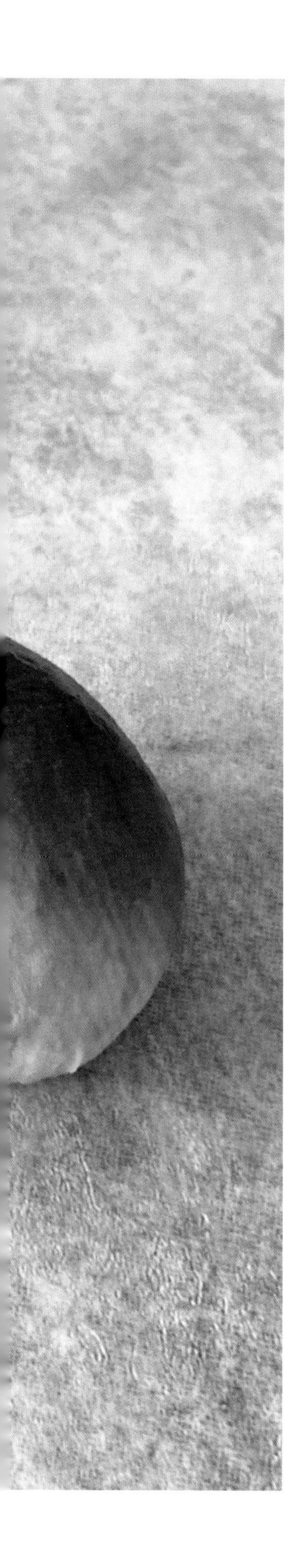

01 모닝빵

빵을 처음 만들 때 도전해보기 쉬운 간단하고 활용도 좋은 빵은 역시 모닝빵이 아닐까요? 에그 샌드위치, 미니 햄버거 등 다양하게 활용할 수 있답니다.

INGREDIENTS

8개 분량

강력쌀가루	: 200g
전란	: 50g
소금	: 4g
설탕	: 23g
우유	: 85g
플레인요거트(무가당)	: 25g
버터	: 22g
세미 드라이 이스트(골드)	: 3g

× 계란물

전란	: 100g
노른자	: 30g
소금	: 1g

●●○ 레벨

최종 반죽온도 27~28°C

170°C 13분

모닝빵

준비하기 강력쌀가루 : 200g, 전란 : 50g, 소금 : 4g, 설탕 : 23g, 우유 : 85g, 플레인요거트(무가당) : 25g, 버터 : 22g, 세미 드라이 이스트(골드) : 3g

1 쌀가루 중간을 손으로 움푹 파고 그 안에 버터, 우유를 제외한 나머지 재료를 넣어준다.

2 우유의 반을 가운데 붓고 스크래퍼 끝으로 주변을 조금씩 섞어가며 뭉친다.

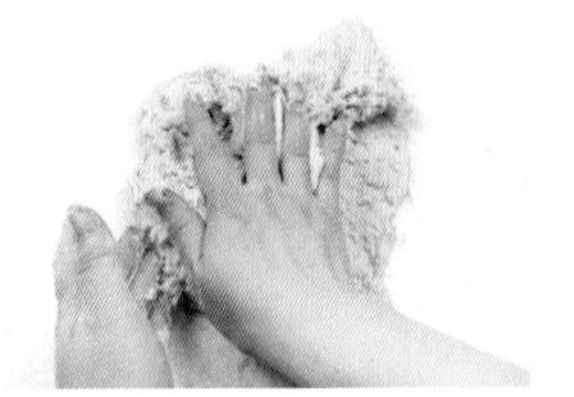

3 어느 정도 섞이면 남은 우유를 모두 넣고 한 덩어리로 뭉친다.

4 뭉쳐진 반죽은 손으로 힘 있게 치대준다.

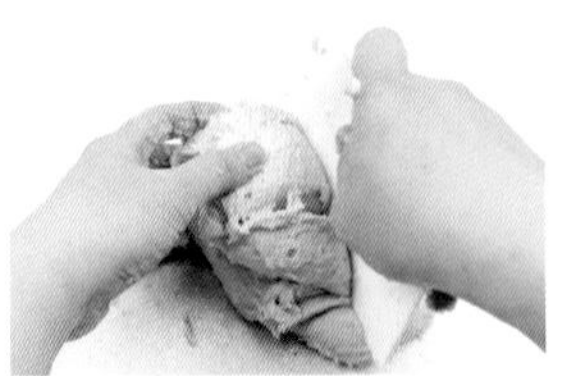
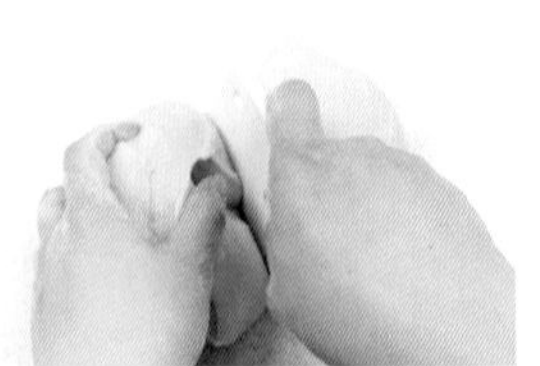
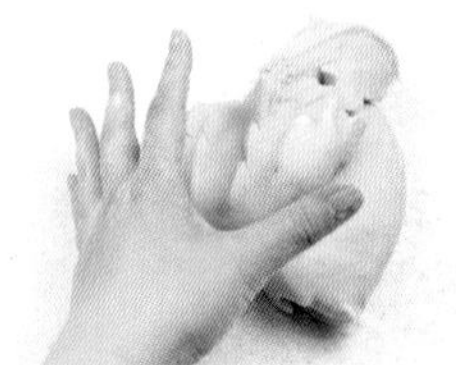

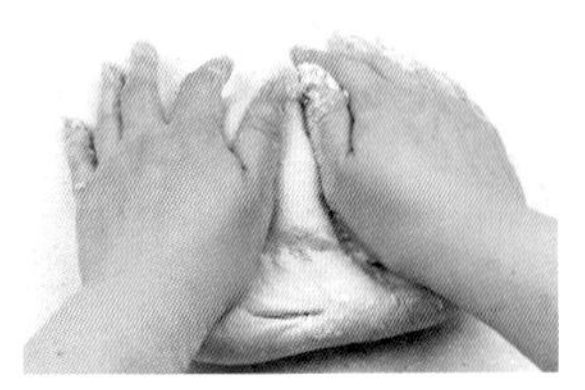
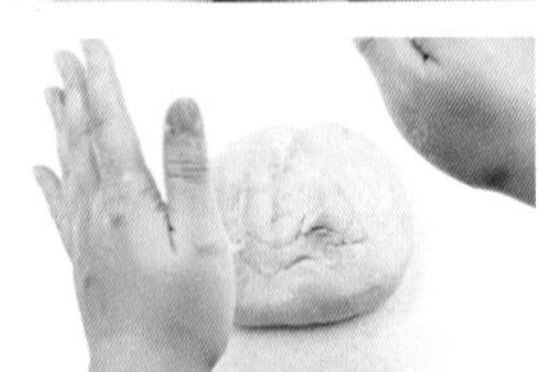

5 스크래퍼로 반죽을 잘라서 위에서 내려치듯 얹어주는 과정을 수십 차례 반복한다.

TIP 치대는 횟수는 보통 30~40회 이상이며 개인의 숙련도에 따라 달라요.

6 중간에 한 번씩 반죽을 모아 위에서 아래로 내려쳐가며 반죽을 치대준다.

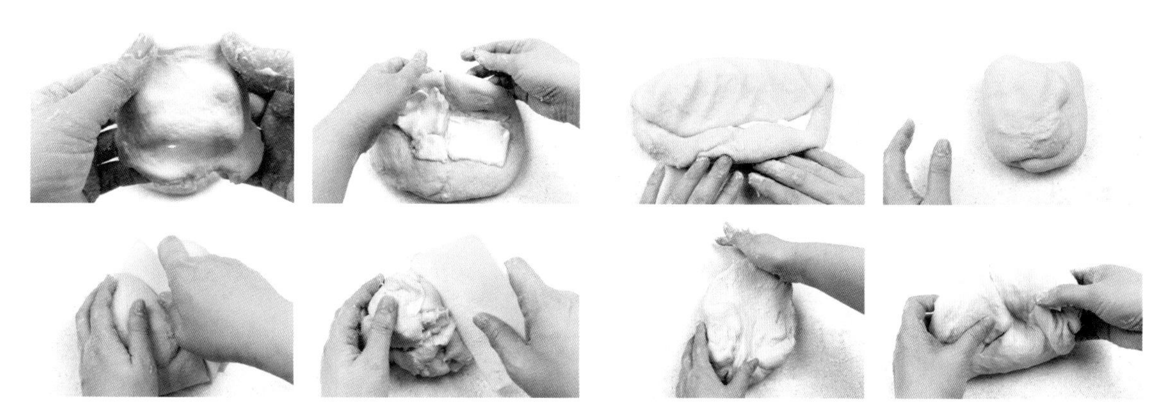

7 반죽을 조금 떼어 글루텐 형성이 뚜껍게 보이면 버터를 넣고 5~6번 과정을 반복한다.

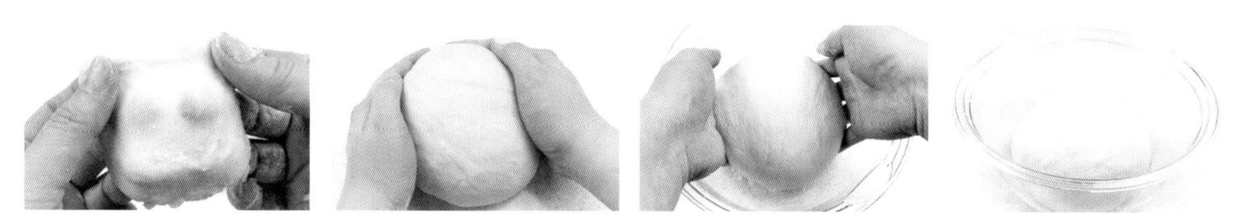

8 글루텐을 확인한 후 반죽을 매끈하게 둥글리기 해서 볼에 넣어준다.

TIP 손 반죽의 글루텐 확인은 지문이 살짝 비치는 정도면 괜찮아요. (손 반죽은 기계 반죽처럼 지문이 선명하게 비칠 정도로 글루텐이 형성되기 어렵기 때문입니다.)

9 반죽 온도를 재본다. TIP 반죽 최종온도 27~28˚C

10 랩핑 후 따듯한 곳(28~29˚C)에서 1시간~1시간 20분 정도 1차 발효한다. TIP 반죽이 2배 가까이 부풀 때까지

11 덧가루를 묻힌 손가락을 반죽에 찔러보았을 때 수축하거나 가라앉는 현상 없이 구멍 모양을 유지하는지 확인한다.

12 반죽을 바닥에 붓고 평평하게 두드려준 뒤 8등분 한다.(대략 60g 내외)

13 둥글리기를 하고 랩을 씌워 15~20분간 휴지한다.

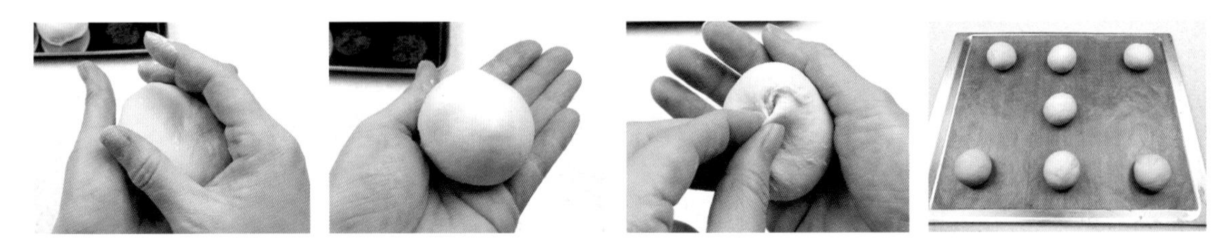

14 다시 한번 기포를 빼면서 예쁘게 둥글리기 한 다음 바닥은 꼬집어준다.

TIP 손에 덧가루(강력쌀가루)를 살짝 묻히고 작업해 주세요.

15 랩(또는 비닐)을 씌우고 28~29˚C에서 1시간 정도 2차 발효한다.

16 팬을 흔들어 보았을 때 반죽이 부드럽게 찰랑찰랑 움직이면 발효 끝.

17 계란물을 얇게 발라준 후 170˚C에서 13~14분간 구워준다.

TIP 전란 100g, 노른자 30g, 소금 1g을 넣고 휘퍼로 잘 섞어준 후 체에 내려 계란물을 만들어 주세요.

TIP 이스트(Yeast)

이스트는 크게 생이스트, 드라이이스트, 인스턴트 이스트로 나눌 수 있으며 최근에는 세미 드라이 이스트도 사용합니다.

생이스트

생이스트는 수분율이 높은 압착효모로 빵의 결이 부드럽고 좋은 풍미를 만들어 내지만, 유통기한이 짧아 소량 사용시에는 추천하지 않습니다.

인스턴트 이스트

인스턴트 이스트는 특수 가공하여 수분함량을 최대한 낮춘 이스트입니다. 별도의 활성화 과정이 필요 없고 소포장 되어 있는 제품이 있기 때문에 사용이 편리합니다. 생이스트에 비해 저장성이 좋습니다.

세미 드라이 이스트

발효의 저하는 맛에 큰 영향을 주기 때문에 발효력의 저하 없이 보관성이 좋은 이스트를 필요로 하게 되는데 이것이 세미 드라이 이스트입니다. 냉동 보관시에도 발효력의 저하가 없어 **냉동 보관으로 유통기한이 길고 발효력이 우수하기 때문에 빵의 맛도 좋아 최근에는 세미 드라이 이스트를 많이 사용합니다.** 만들려는 빵의 당분 함유량에 따라 골드와 레드로 나누어 사용합니다. 밀가루 분량 대비 당함량 5% 이하 → 레드 / 당함량 10% 이상 → 골드, 5~10% 사이는 레드와 골드 어느 것을 사용해도 무방합니다. **본 도서에는 세미 드라이 이스트(골드)를 사용한 레시피를 소개하였습니다.**

02 먹물 롤치즈빵

오징어 먹물은 색감만으로도 눈길을 끌지만 짭조름한 맛은 더욱 매력적입니다. 오징어 먹물과 롤치즈가 만난 먹물 롤치즈빵. 눈도 입도 즐거워집니다.

INGREDIENTS

8개 분량

강력쌀가루	: 200g
전란	: 50g
소금	: 2g
설탕	: 20g
플레인요거트(무가당)	: 30g
세미 드라이 이스트(골드)	: 3g
물	: 80g
오징어먹물	: 4g
버터	: 20g
롤치즈	: 80g
에멘탈 가공치즈	: 취향껏

●●●
레벨

최종 반죽온도
27~28˚C

170˚C 13분

➲ 먹물 롤치즈빵

준비하기 강력쌀가루 : 200g, 전란 : 50g, 소금 : 2g, 설탕 : 20g, 플레인요거트(무가당) : 30g, 세미 드라이 이스트(골드) : 3g, 물 : 80g, 오징어먹물 : 4g, 버터 : 20g, 롤치즈 : 80g, 에멘탈 가공치즈 : 약간

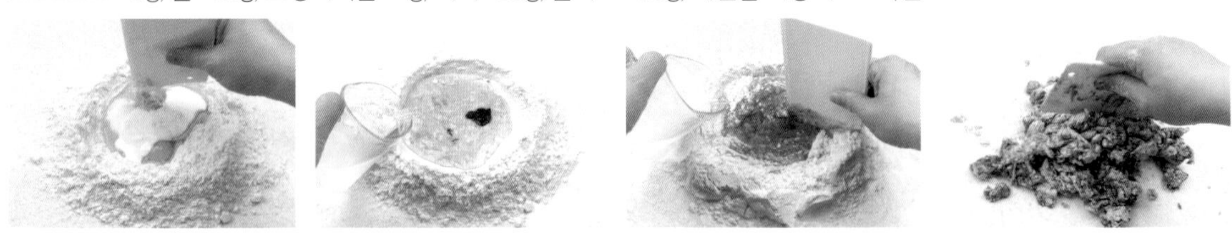

1 쌀가루 중간을 손으로 움푹 파고 그 안에 버터, 물, 먹물을 제외한 나머지 재료를 넣고 스크래퍼로 가볍게 섞어준다.

2 오징어 먹물을 넣고 물을 조금씩 흘려 넣으며 스크래퍼 끝으로 조금씩 섞어가며 뭉친다.

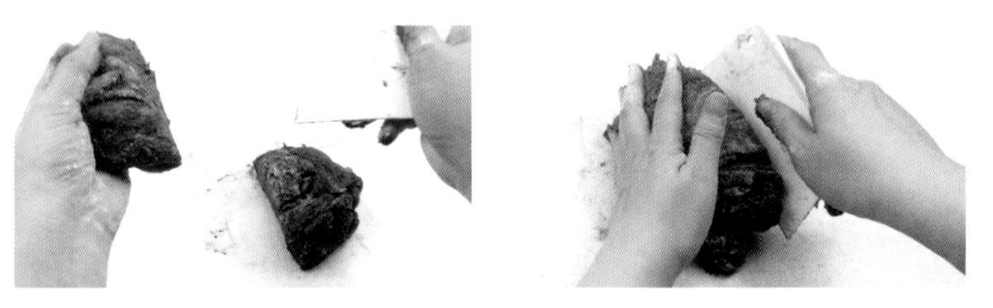

3 뭉쳐진 반죽은 스크래퍼로 잘라서 위에 얹어 치대는 과정을 수십 차례 반복한다.

4 반죽을 내려쳐가며 힘 있게 치대준다.

TIP 치대는 횟수는 보통 30~40회 이상이며 개인의 숙련도에 따라 달라요.

6 반죽을 조금 떼어 글루텐 형성이 두껍게 보이면 버터를 넣고 3~4번 과정을 반복한다.

7 글루텐이 얇게 형성되었는지 확인한 후, 롤치즈를 넣고 치즈가 섞일 때까지 잘라서 얹는 과정을 5~6회 반복한다.

TIP 손 반죽의 글루텐 확인은 지문이 살짝 비치는 정도면 괜찮아요.(손 반죽은 기계 반죽처럼 지문이 선명하게 비칠 정도로 글루텐이 형성되기 어렵기 때문입니다.)

8 반죽 온도를 재본다. TIP 반죽 최종온도 27~28˚C

9 랩핑 후, 따듯한 곳(28~29˚C)에서 1시간~1시간 20분 정도 1차 발효한다. TIP 반죽이 2배 가까이 부풀 때까지

10 8개로 분할 후, 둥글리기를 하고 랩을 씌운 후, 15~20분간 휴지한다.

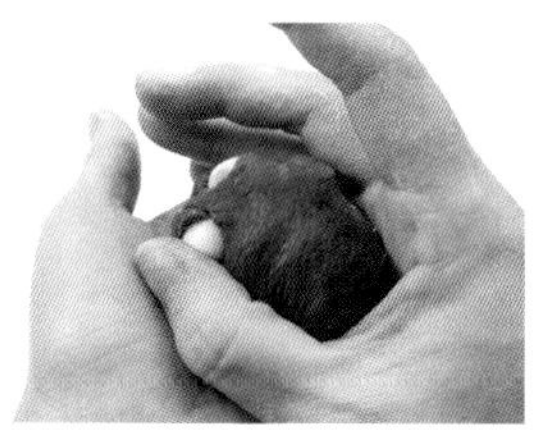
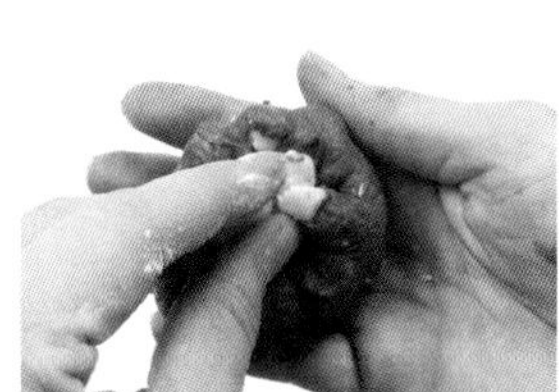
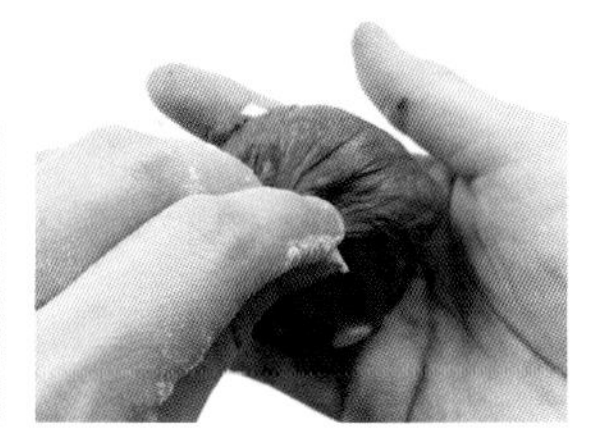

11 다시 한번 기포를 뺀 후, 예쁘게 둥글리기 하고 바닥을 꼬집어 준다.

TIP 손에 덧가루(강력쌀가루)를 살짝 묻히고 작업해 주세요.

12 28˚C에서 1시간 10분~20분 정도 2차 발효한다.

TIP 팬을 흔들어 보았을 때 반죽이 부드럽게 찰랑찰랑 움직일 때까지 발효해 주세요.

12 가위를 이용하여 십자 모양으로 자른 후, 십자 모양 안쪽에 에멘탈 가공치즈를 듬뿍 짜준다.

13 170˚C에서 12~13분간 구워준다.

03 브리오슈 큐브식빵

같은 브리오슈라도 큐브 모양으로 구우면 더 귀엽고 앙증맞은 느낌이 들어요. 버터와 전란을 가득 넣고 만든 브리오슈의 맛은 상상 이상으로 달콤하고 부드럽답니다.

INGREDIENTS

9cm 큐브식빵틀 2대 분량

강력쌀가루	: 200g
전란	: 60g
소금	: 4g
세미 드라이 이스트(골드)	: 4g
설탕	: 45g
탈지분유	: 7g
물	: 15g
우유	: 40g
플레인요거트(무가당)	: 15g
버터	: 60g

●●●
레벨

최종 반죽온도
23~24˚C

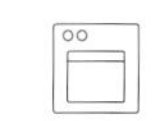

165˚C 22분

미리 준비할 것

1 모든 재료는 계량하여 12시간 이상 냉장 보관한 후 사용한다.

2 탈지분유(7g)는 다른 가루류와 함께 계량하면 뭉치는 습성이 있기 때문에 따로 계량하고 사용 직전에 체 쳐 사용한다.

브리오슈 큐브식빵

준비하기 강력쌀가루 : 200g, 전란 : 60g, 소금 : 4g, 세미 드라이 이스트(골드) : 4g, 설탕 : 45g, 탈지분유 : 7g, 물 : 15g, 우유 : 40g, 플레인요거트(무가당) : 15g, 버터 : 60g

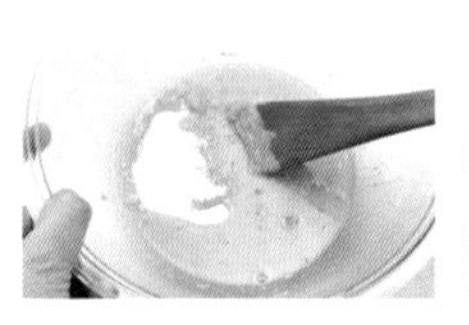

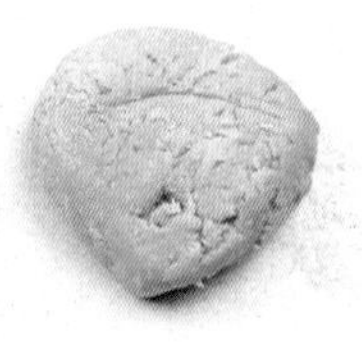
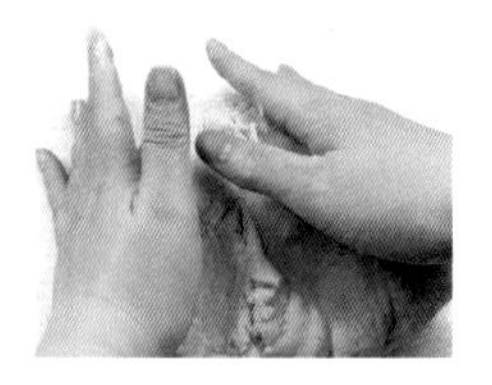

1 전란, 우유 ,물, 플레인요거트(무가당), 소금을 잘 섞어준 후 세미 드라이 이스트(골드)와 설탕을 넣고 섞어준다.

2 강력쌀가루와 체 친 탈지분유를 넣고 주걱으로 잘 섞어주어 한 덩어리로 만든다.

3 뭉쳐진 반죽은 손으로 힘 있게 치대준다.

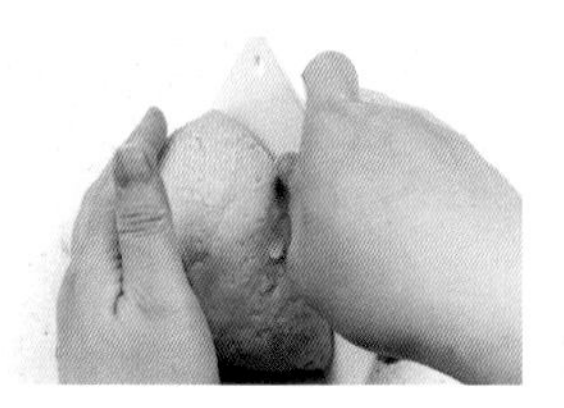

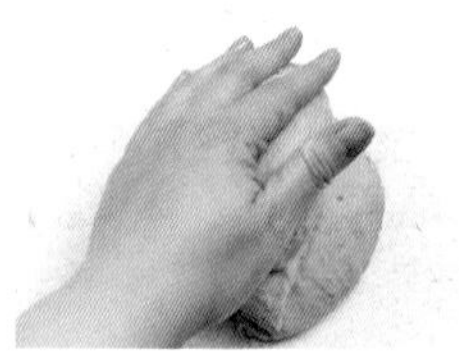

4 중간중간 스크래퍼로 반죽을 잘라서 위에 얹어 치대는 과정을 수십 차례 반복한다.

TIP 치대는 횟수는 보통 30~40회 이상이며 개인의 숙련도에 따라 달라요.

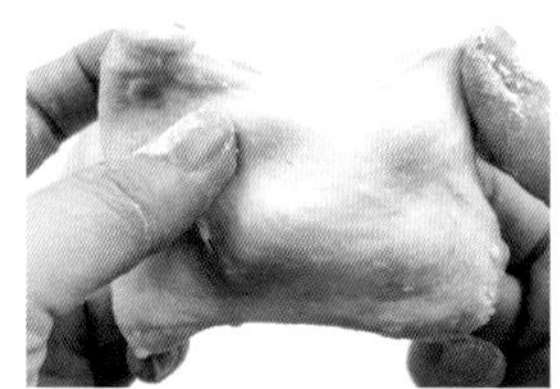
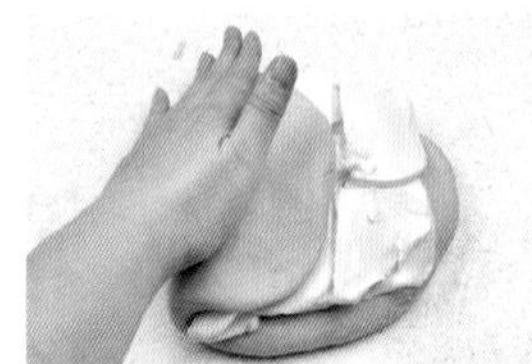
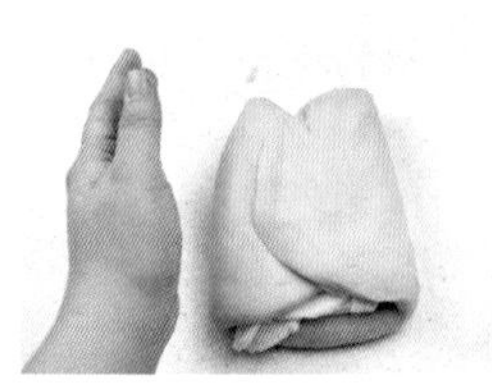
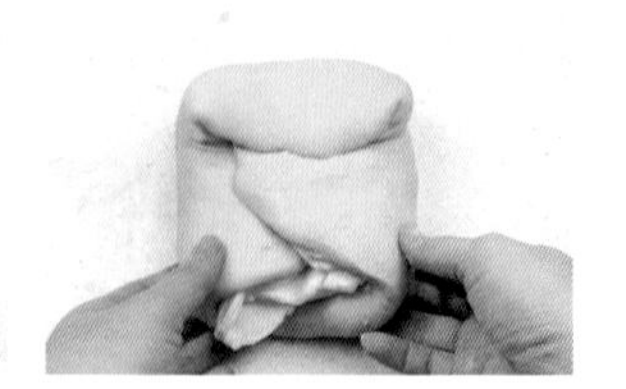

5 반죽을 조금 떼어 천천히 늘려보았을 때 반죽이 끊김 없이 탄성 있게 늘어나기 시작하면 버터를 넣고 감싼다.

TIP 버터의 상태는 차가움을 유지하지만 부드럽게 휘어지는 정도가 좋아요. 너무 딱딱한 경우 손의 열기로 조금 부드럽게 만들어 주세요.

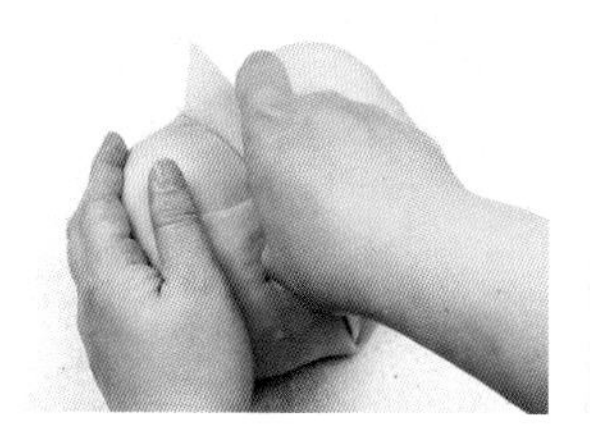
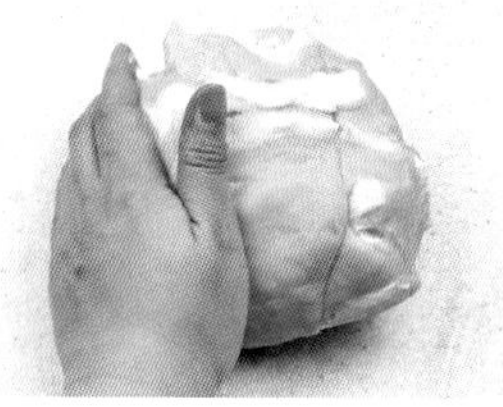
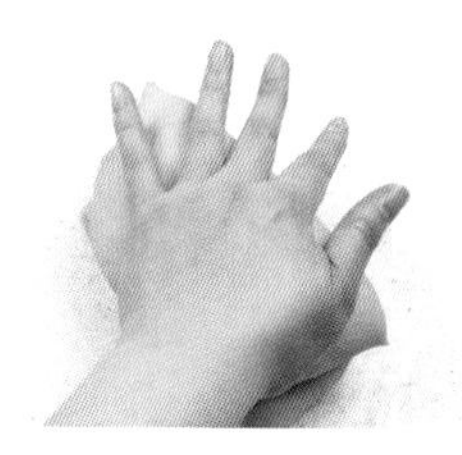
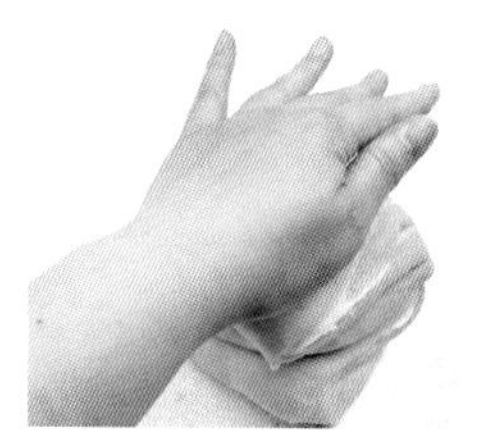

6 4~5번 과정을 여러번 반복한다.

TIP 10분 이상 힘주어 치대주어야 어느 정도 글루텐이 형성되는 것을 느낄 수 있어요.

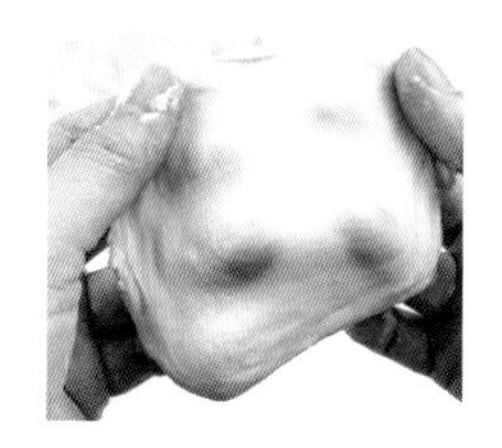

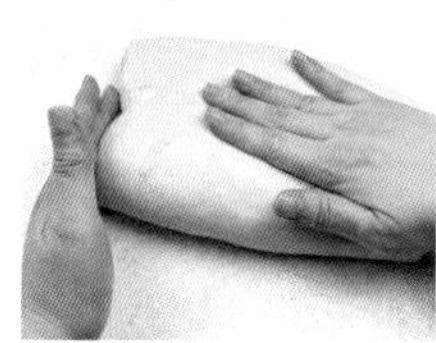

7 글루텐을 확인한 후(반죽이 끊김 없이 얇고 투명하게 늘어나는 정도) 반죽 온도를 재본다.

TIP 반죽 최종온도 23~24˚C

8 반죽을 3절 접기한 후 실온(26~27˚C)에서 40분간 발효한다.

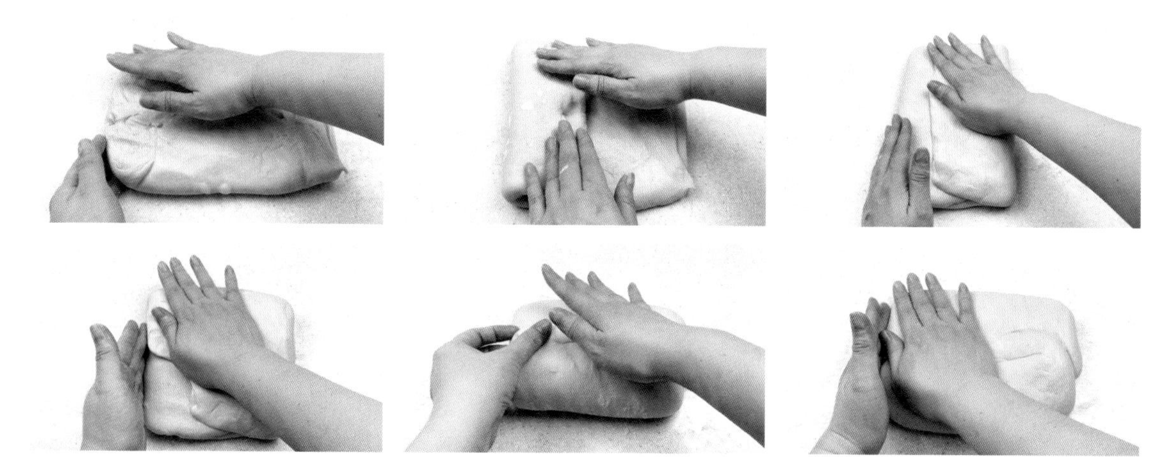

9 반죽을 다시 3절 접기 한 후 손으로 눌러 평평하게 만들고 비닐을 씌운 후 냉장고(3˚C)에서 하루 동안 저온 발효한다.

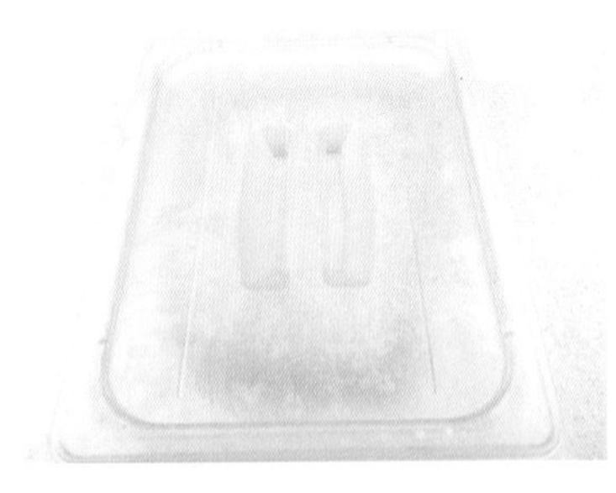

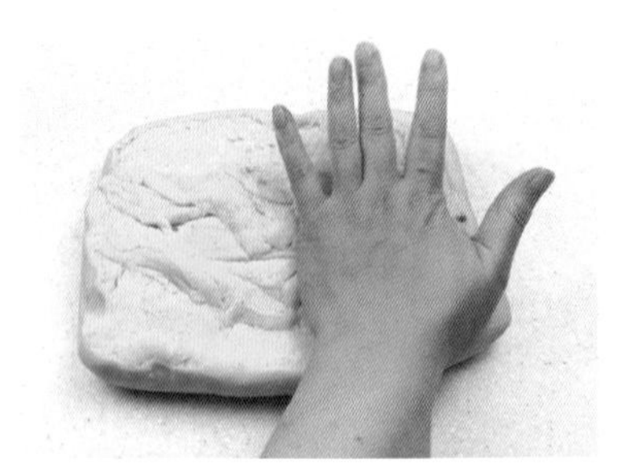

10 바닥에 덧가루를 뿌리고 반죽을 꺼낸 뒤 손으로 눌러가며 기포를 빼준다.

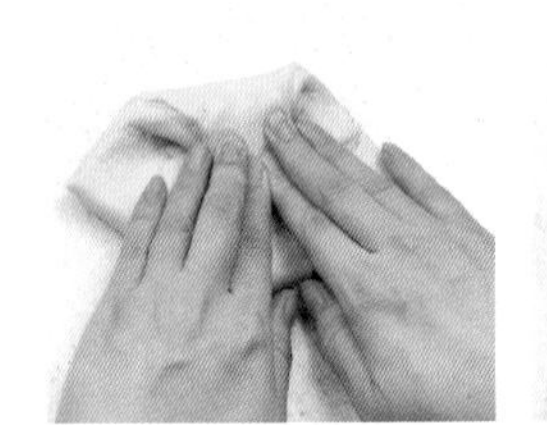
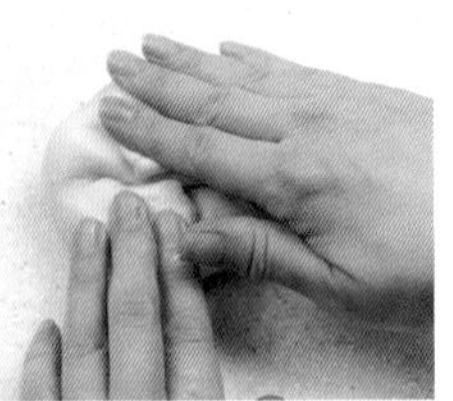

11 2개로 분할하고 둥글리기하여 랩핑 후, 냉장고에서 40~50분간 휴지한다.

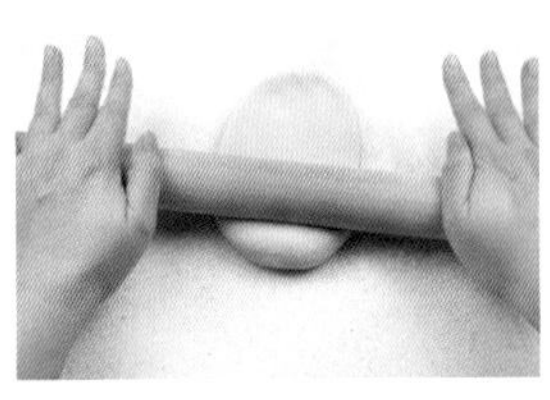
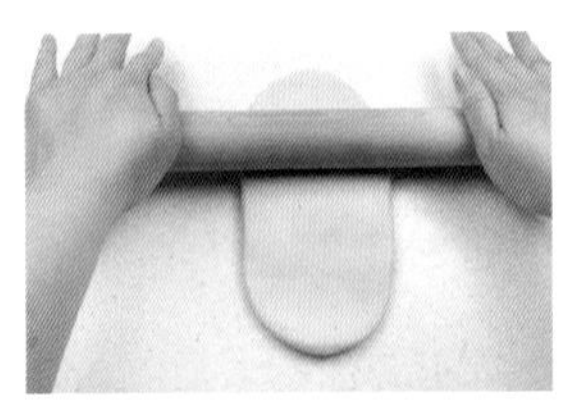
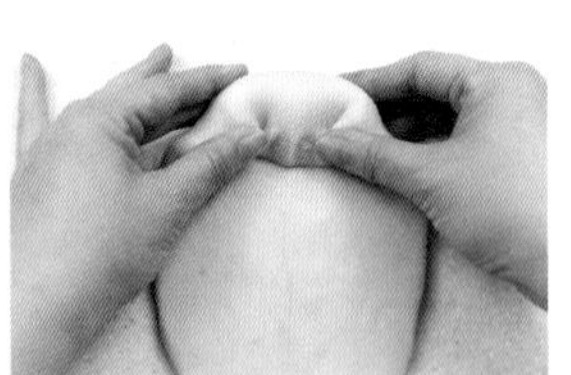
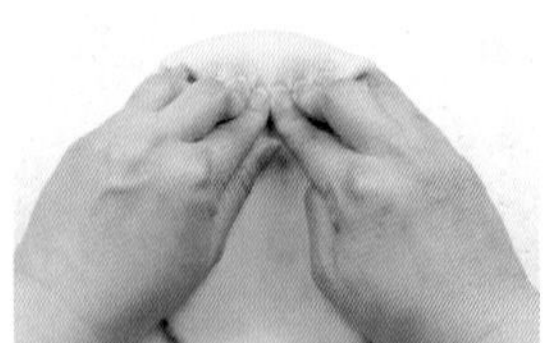

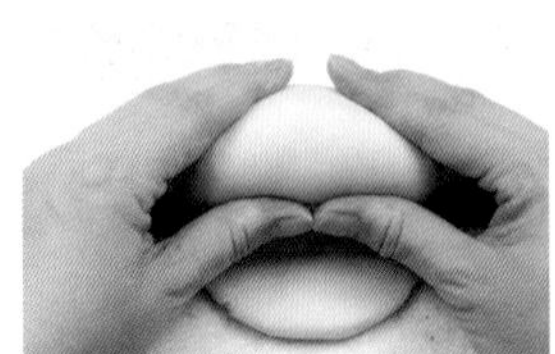
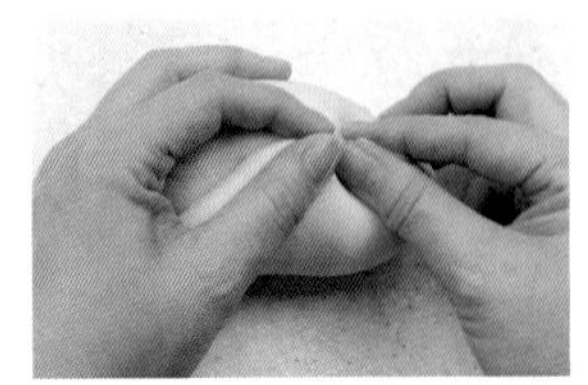

12 반죽의 예쁜 부분이 위로 오게 하여 밀대로 위아래 한 번씩 밀어준 후 뒤집어 준다.

TIP 바닥에 덧가루를 조금씩 뿌려가며 작업해 주세요.

13 반죽의 길이를 27~28cm까지 만들고 위에서부터 접어 내려오며 마지막은 잘 꼬집어 준다.

TIP 반죽이 틀보다 길어지지 않도록 오므려가며 접어내려 마무리 해줍니다.

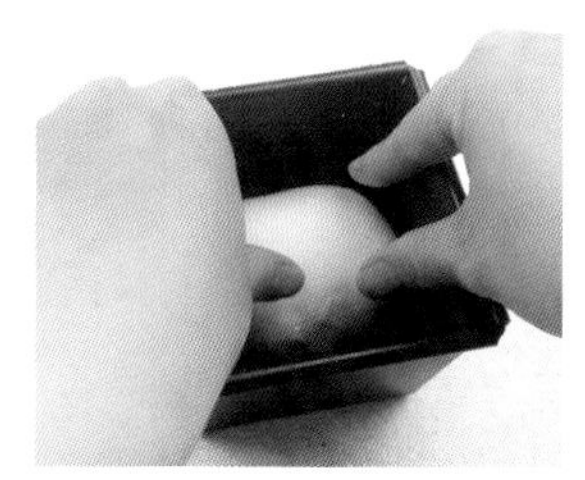

14 꼬집은 부분이 바닥을 향하도록 틀에 넣고 손으로 살짝 눌러준 후 실온(28~29˚C)에서 2차 발효한다.

TIP 여름철 : 실온에서 발효, 겨울철 : 큰 밀폐 용기에 반죽과 함께 따듯한 물을 조금 담은 그릇을 넣어 발효

15 반죽의 높이가 틀 아래 1cm~0.5cm까지 올라오면 뚜껑을 닫아준다.

16 165˚C 오븐에서 22~25분간 구워준다.

04 소시지 피자빵

제과점에 가면 꼭 손이 가던 추억의 피자빵. 아낌없이 속 재료를 넣고 만들면 한 입 베어 무는 그 순간부터 행복해집니다.

INGREDIENTS

6개 분량

강력쌀가루	: 220g
노른자	: 22g
소금	: 3g
설탕	: 24g
탈지분유	: 12g
우유	: 135g
버터	: 23g
세미 드라이 이스트(골드)	: 3g

× 속 재료

파프리카	: 40g
양파	: 50g
햄	: 50g
파마산 치즈가루	: 5g
소금, 후추	: 약간
옥수수콘	: 60g
마요네즈	: 25g
허브 믹스	: 0.5g
눈꽃치즈(모짜렐라)	: 200g
토마토소스	: 30g
케첩	: 20g
소시지	: 6개

× 데코용

케첩, 마요네즈	: 약간
눈꽃치즈(모짜렐라)	: 50g
파슬리	: 약간

× 계란물

전란	: 100g
노른자	: 30g
소금	: 1g

최종 반죽온도 27~28˚C

●●● 레벨

160˚C 12분

속 재료 준비하기	파프리카 : 40g, 양파 : 50g, 햄 : 50g, 파마산 치즈가루 : 5g, 소금, 후추 : 약간, 옥수수콘 : 60g, 마요네즈 : 25g, 허브 믹스 : 0.5g, 눈꽃치즈(모짜렐라) : 200g, 토마토소스 : 30g, 케첩 : 20g

1 양파, 파프리카는 4~5mm 크기로 잘라 씻어서 체에 밭친 후, 키친타월로 물기를 없앤다.

2 옥수수콘은 체에 밭친 후, 키친타월로 물기를 없애고 햄은 4~5mm 크기로 잘라놓는다

3 속 재료는 반죽에 투입되기 직전에 모두 버무려준다.

TIP 속 재료를 미리 버무려두면 물기가 많이 생기니 사용 직전 섞어주세요.

소시지 피자빵

준비하기 강력쌀가루 : 220g, 노른자 : 22g, 소금 : 3g, 설탕 : 24g, 탈지분유 : 12g, 우유 : 135g, 버터 : 23g, 세미 드라이 이스트(골드) : 3g, 소시지 : 6개 (데코용 - 케찹, 마요네즈, 눈꽃치즈 : 50g, 파슬리 : 약간)

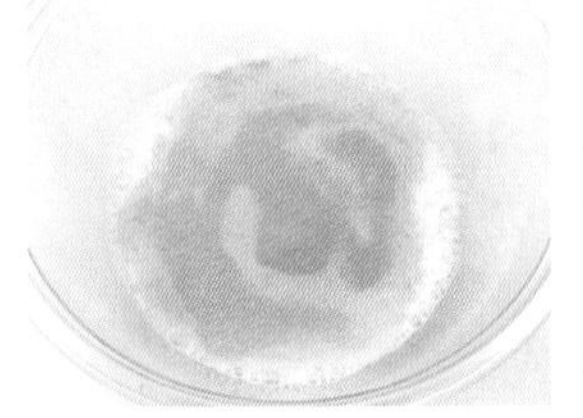

1 우유에 세미 드라이 이스트(골드)를 잘 섞어준 후 노른자와 설탕, 소금을 넣고 잘 섞어준다.

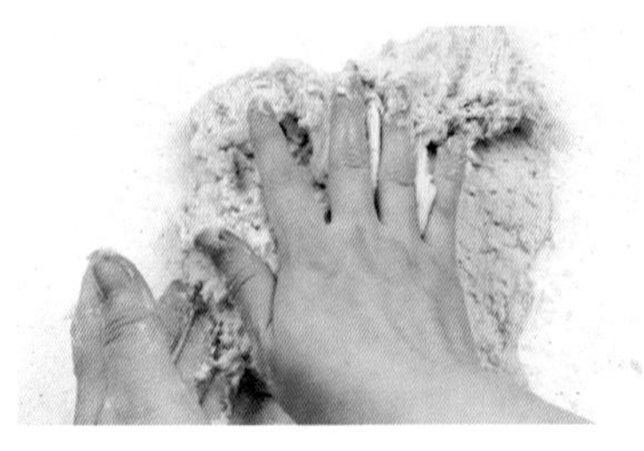

2 강력쌀가루와 체 친 탈지분유를 넣고 주걱으로 섞어가며 한 덩어리로 뭉친 후 손으로 힘 있게 치대준다.

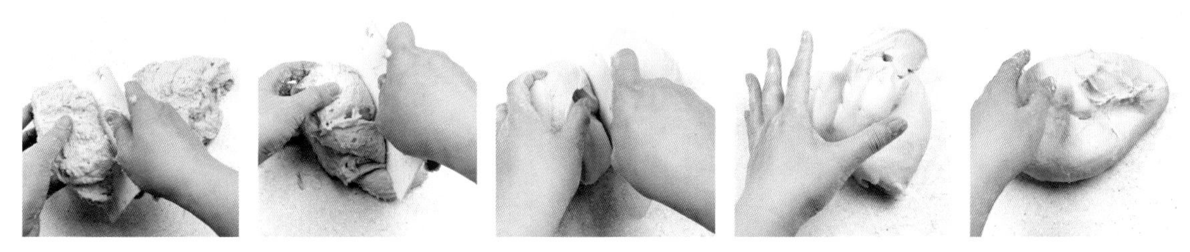

3 중간중간 스크래퍼로 반죽을 잘라서 위에 얹어 치대는 과정을 수십 차례 반복한다.

TIP 치대는 횟수는 보통 30~40회 이상이며 개인의 숙련도에 따라 달라요.

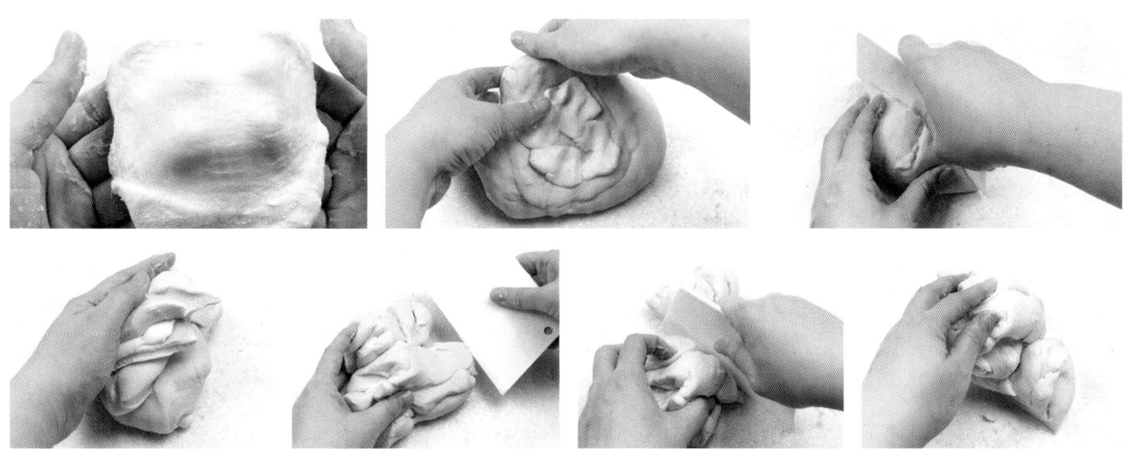

4 반죽을 조금 떼어 글루텐 형성이 보이면 버터를 넣고 감싼다.

5 3번 과정을 반복한다.

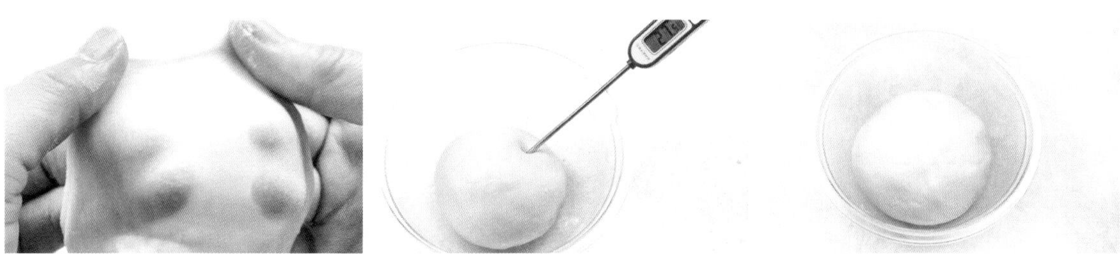

6 글루텐을 확인한 후 반죽 온도를 재본다. TIP 반죽 최종온도 27~28˚C

7 랩핑 후, 따듯한 곳(28~29˚C)에서 1시간~1시간 20분 정도 1차 발효한다. TIP 반죽이 2배 가까이 부풀 때까지

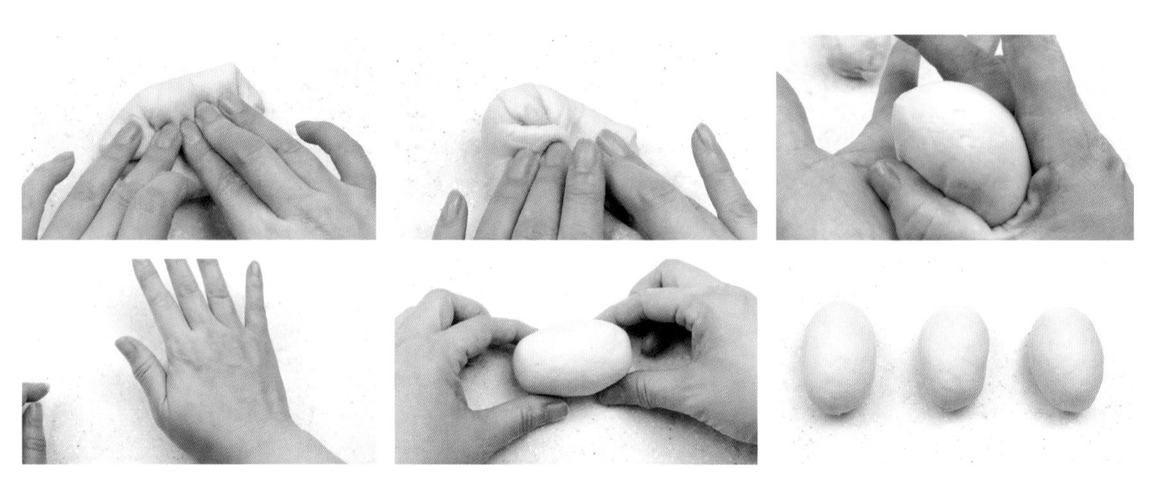

8 6개로 분할 후 손바닥으로 살짝 굴려 가로 길이가 긴 타원 형태로 만들고 실온에서 15~20분간 휴지한다.

TIP 성형시간이 오래 걸릴 경우 나중에 작업할 반죽들은 비닐을 덮어 냉장고에서 휴지해 주세요.

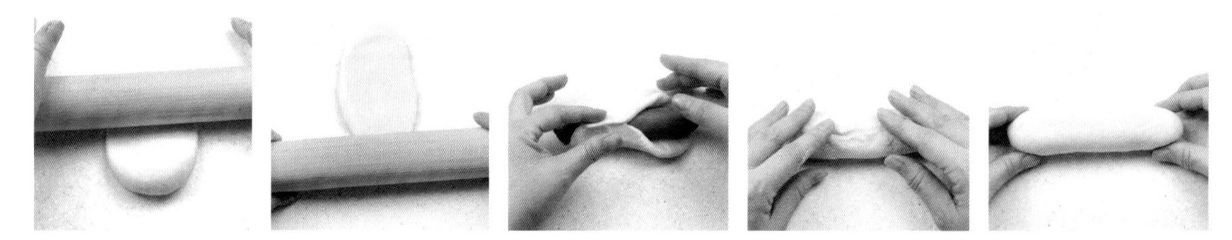

9 소시지를 준비하고 반죽을 막대 형태로 소시지 길이 만큼 밀어준다.

TIP 바닥에 덧가루를 조금씩 뿌려가며 작업해 주세요.

10 소시지를 올려 반죽 끝을 꼬집어준 후 꼬집은 부분을 바닥으로 놓는다.

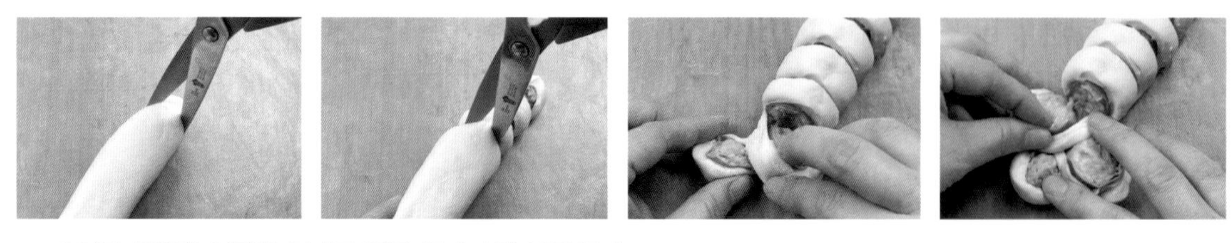

11 가위를 이용해 일정한 두께로 반죽 끝까지 잘 잘라준다.

TIP 가위를 세워서 반죽 끝까지 잘라주면 모양 잡기가 수월해요.

12 반죽을 하나씩 뒤엎어가며 모양을 만들어준다.

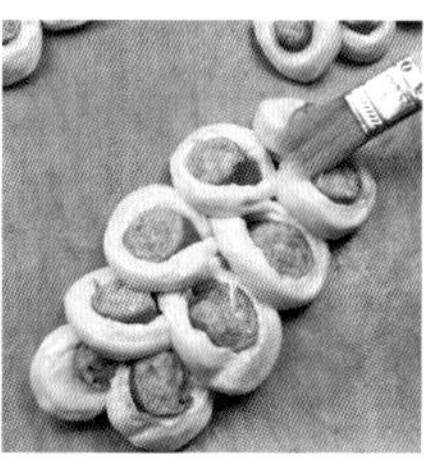

13 비닐을 덮어 28~29˚C 에서 1시간 정도 2차 발효한다.

14 계란물을 얇게 발라주고 버무린 속재료를 올린 후 눈꽃치즈를 덮어준다.

15 케찹과 마요네즈를 뿌린 후, 160~165˚C에서 12~13분간 구워준다.

16 갓 구워져 나왔을 때 중간 부분에 파슬리 가루를 뿌려준다.

05 피자롤빵

반죽에 속 재료 가득 넣고 돌돌 말아 만드는 롤빵은 모양도 만드는 과정도 정말 재미있지요. 아이들과 함께 즐기는 홈베이킹으로 피자롤빵보다 더 좋은 것이 또 있을까요?

INGREDIENTS

10개 내외 분량

강력쌀가루	: 220g
노른자	: 22g
소금	: 3g
설탕	: 24g
탈지분유	: 12g
우유	: 135g
버터	: 23g
세미 드라이 이스트(골드)	: 3g

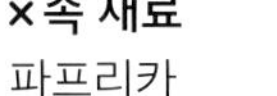

×속 재료

파프리카	: 40g
양파	: 50g
햄	: 50g
파마산 치즈가루	: 5g
소금, 후추	: 약간
옥수수콘	: 60g
마요네즈	: 25g
허브 믹스	: 0.5g
눈꽃치즈(모짜렐라)	: 200g
토마토소스	: 30g
케첩	: 20g

×데코용

케첩, 마요네즈	: 약간
눈꽃치즈(모짜렐라)	: 50g
파슬리	: 약간

×계란물

전란	: 100g
노른자	: 30g
소금	: 1g

최종 반죽온도 27~28˚C

레벨

160˚C 12분

속 재료 준비하기 | 파프리카 : 40g, 양파 : 50g, 햄 : 50g, 파마산 치즈가루 : 5g, 소금, 후추 : 약간, 옥수수콘 : 60g, 마요네즈 : 25g, 허브 믹스 : 0.5g, 눈꽃치즈(모짜렐라) : 200g, 토마토소스 : 30g, 케첩 : 20g

1 양파, 파프리카는 4~5mm 크기로 잘라 씻어서 체에 밭친 후, 키친타월로 물기를 없앤다.
2 옥수수콘은 체에 밭친 후, 키친타월로 물기를 없애고 햄은 4~5mm 크기로 잘라놓는다.
3 속 재료는 반죽에 투입되기 직전에 모두 버무려준다.

TIP 속 재료를 미리 버무려두면 물기가 많이 생기니 사용 직전 섞어주세요.

피자롤빵

준비하기 강력쌀가루 : 220g, 노른자 : 22g, 소금 : 3g, 설탕 : 24g, 탈지분유 : 12g, 우유 : 135g, 버터 : 23g, 세미 드라이 이스트(골드) : 3g (데코용 - 케찹, 마요네즈, 눈꽃치즈 : 50g, 파슬리 : 약간)

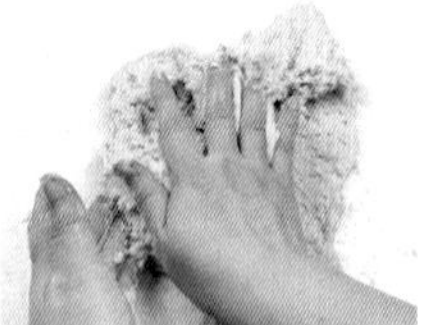

1 우유에 세미 드라이 이스트(골드)를 잘 섞어준 후 노른자와 설탕, 소금을 넣고 잘 섞어준다
2 강력쌀가루와 체 친 탈지분유를 넣고 주걱으로 섞어주며 한 덩어리로 만든다.

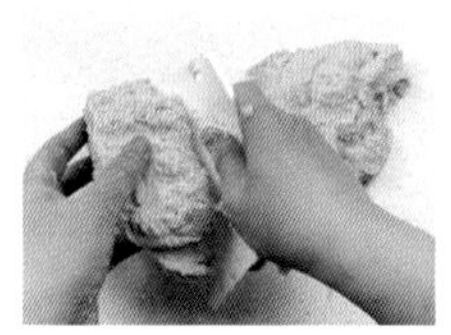
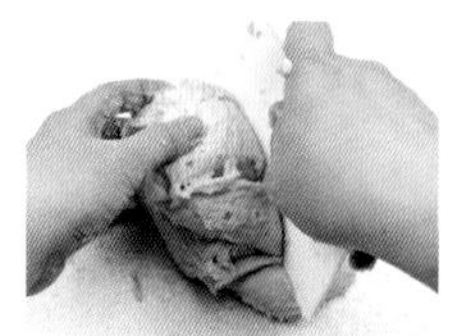
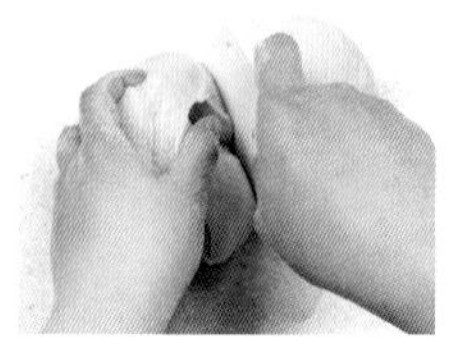

3 뭉쳐진 반죽은 손으로 힘 있게 치대준다.
4 중간중간 스크래퍼로 반죽을 잘라서 위에 얹어 치대는 과정을 수십 차례 반복한다.

TIP 치대는 횟수는 보통 30~40회 이상이며 개인의 숙련도에 따라 달라요.

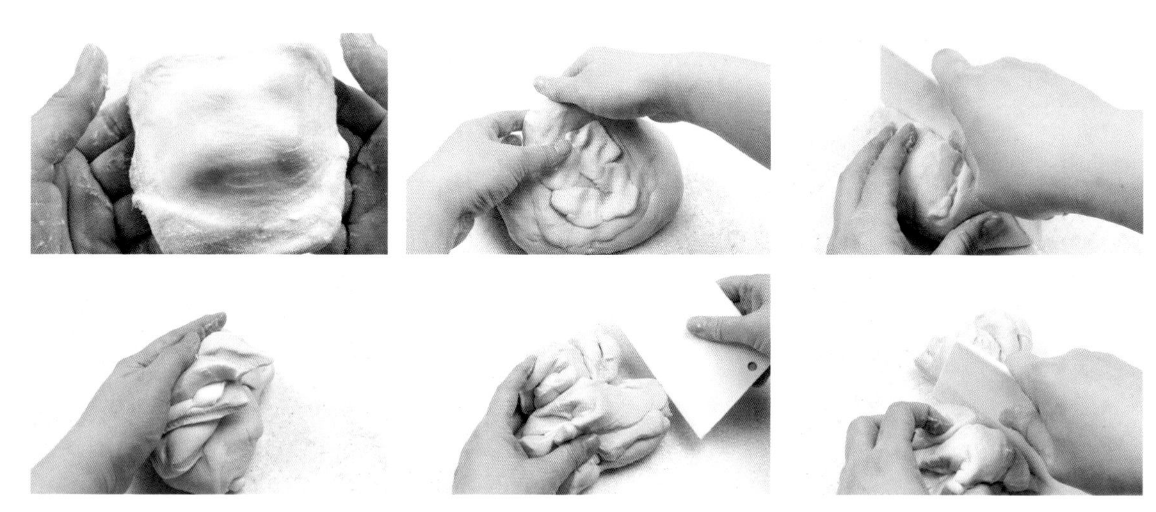

5 반죽을 조금 떼어 글루텐 형성이 보이면 버터를 넣고 감싸준 후 4번 과정을 반복한다.

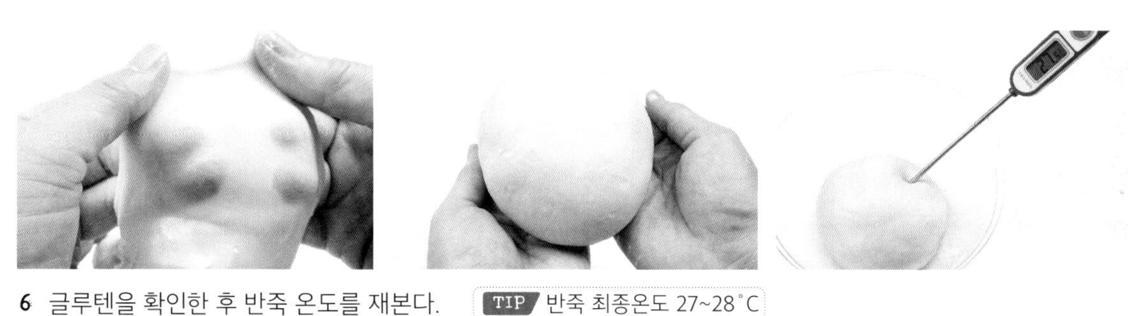

6 글루텐을 확인한 후 반죽 온도를 재본다. TIP 반죽 최종온도 27~28˚C

7 랩핑 후, 따듯한 곳(28~29˚C)에서 1시간~1시간 20분 정도 1차 발효한다. TIP 반죽이 2배 가까이 부풀 때까지

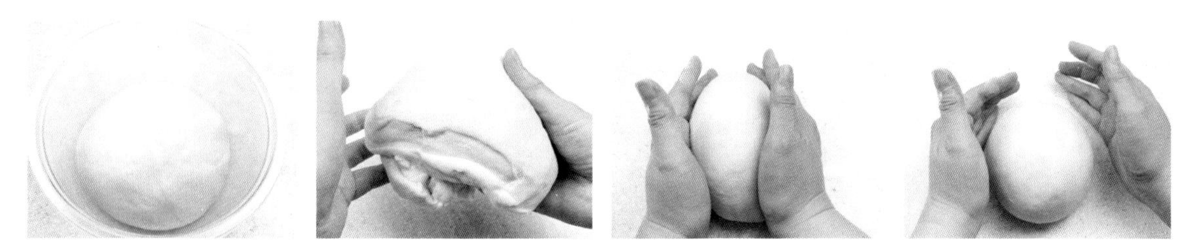

8 반죽을 바닥에 붓고 평평하게 두드려 준다.

9 둥글리기를 하고 랩핑 후, 15~20분간 휴지한다.

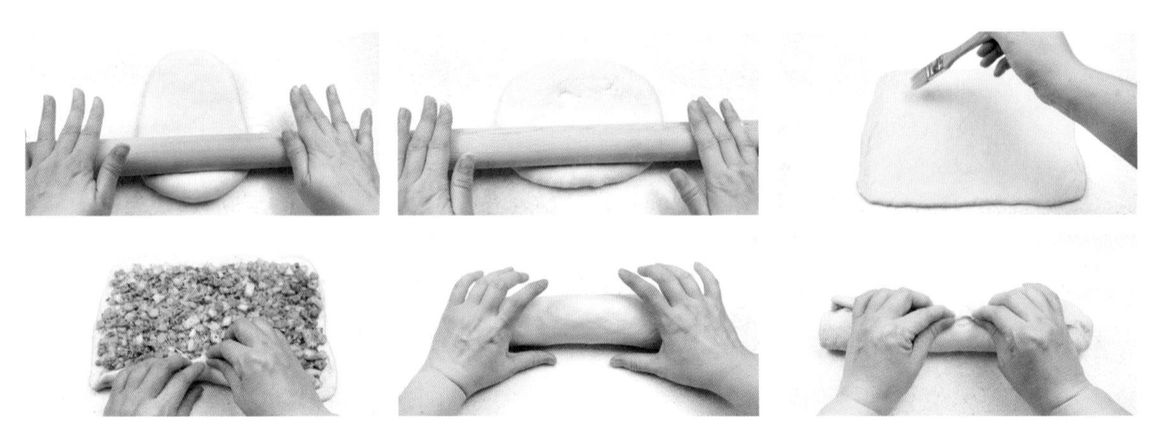

9 밀대를 이용하여 일정한 두께로 반죽의 크기를 25cm x 40cm로 만든다.

TIP 바닥에 덧가루를 조금씩 뿌려가며 작업해 주세요.

10 물을 얇게 바른 후 위아래 1cm를 제외한 부분에 속 재료를 골고루 펴준다.

11 아래 반죽부터 잘 말아가는데 끝부분을 말때는 살짝 안으로 당겨 가장자리 반죽이 늘어지지 않도록 주의한다.

12 마지막까지 잘 말아주고 꼬집어 준 후 3cm 두께로 썰어 베이킹컵에 넣어준다.

13 28~29˚C에서 1시간 정도 2차 발효한다.

TIP 팬을 흔들어 보았을 때 반죽이 부드럽게 찰랑찰랑 움직이면 발효 끝

14 계란물을 얇게 발라준 후 옥수수콘을 올리고 눈꽃치즈를 뿌려준다.

15 케찹을 뿌려준 후 마요네즈를 뿌린다.

16 160˚C에서 12~13분간 구워준다.

17 갓 구워져 나왔을 때 파슬리를 뿌려준다.

06 브리오슈 식빵

입안에서 사르르 녹는 식감과 버터의 고소한 풍미가 매력적인 브리오슈 식빵은 반죽 후 하루 동안 저온에서 발효하면 더 깊은 맛을 느낄 수 있어요.

INGREDIENTS

15.5cmX7.5cmX6.5cm(높이), 2대 분량

강력쌀가루	: 200g
전란	: 60g
소금	: 4g
세미 드라이 이스트(골드)	: 4g
설탕	: 45g
탈지분유	: 7g
물	: 15g
우유	: 40g
플레인요거트(무가당)	: 15g
버터	: 60g

× 계란물

전란	: 100g
노른자	: 30g
소금	: 1g

●●●
레벨

최종 반죽온도
23~24˚C

165˚C 22분

미리 준비할 것

1 모든 재료는 계량 후 12시간 이상 냉장 보관 후 사용한다.

➲ 브리오슈 식빵

준비하기 강력쌀가루 : 200g, 전란 : 60g, 소금 : 4g, 세미 드라이 이스트(골드) : 4g, 설탕 : 45g, 탈지분유 : 7g, 물 : 15g, 우유 : 40g, 플레인요거트(무가당) : 15g, 버터 : 60g

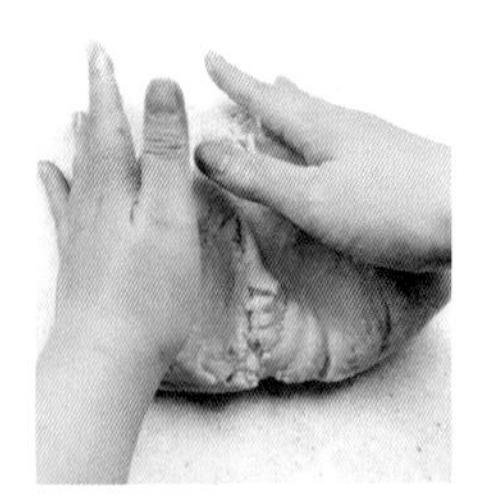

1 전란, 우유 ,물, 플레인요거트(무가당), 소금을 잘 섞어준 후 세미 드라이 이스트(골드)와 설탕을 넣고 섞어준다.

2 강력쌀가루와 체 친 탈지분유를 넣고 주걱으로 잘 섞어주어 한 덩어리로 만든다.

3 뭉쳐진 반죽은 손으로 힘 있게 치대준다.

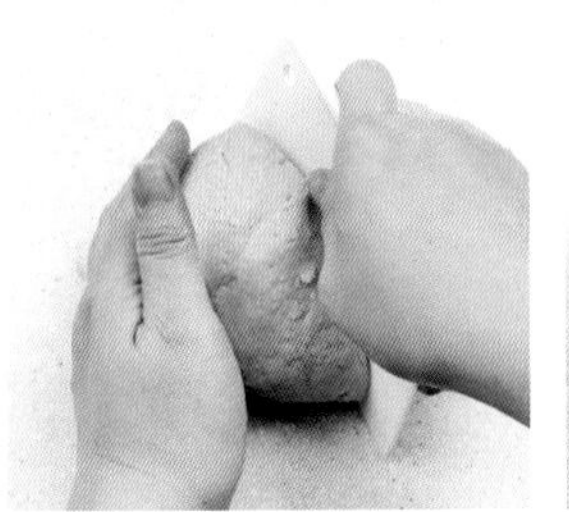
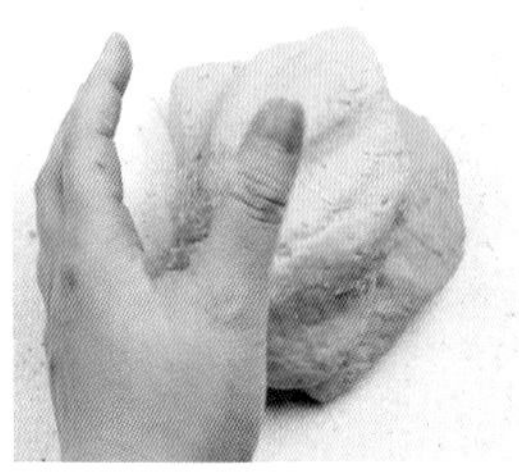
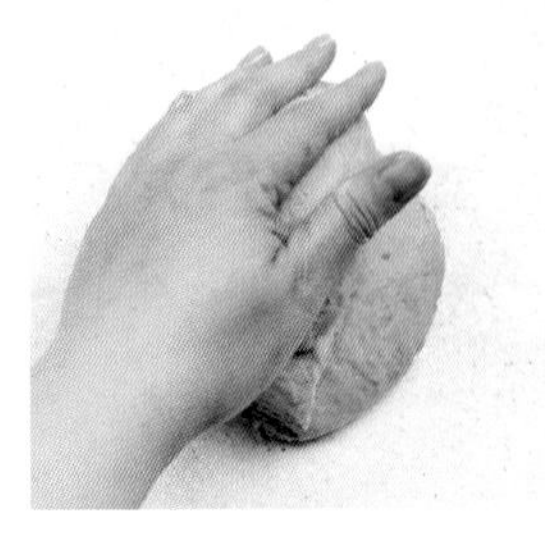
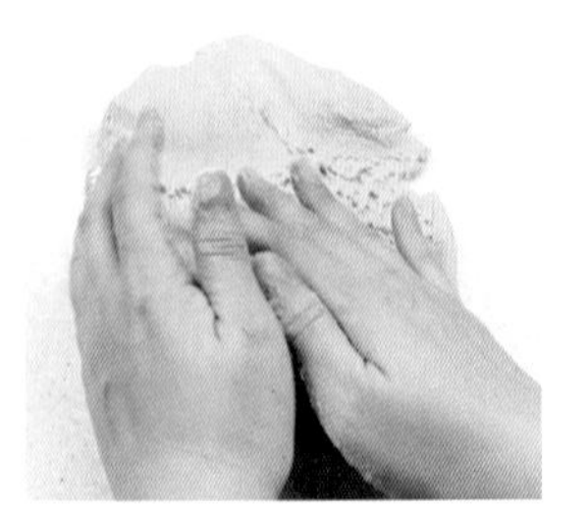

4 중간중간 스크래퍼로 반죽을 잘라서 위에 얹어 치대는 과정을 수십 차례 반복한다.

TIP 치대는 횟수는 보통 30~40회 이상이며 개인의 숙련도에 따라 달라요.

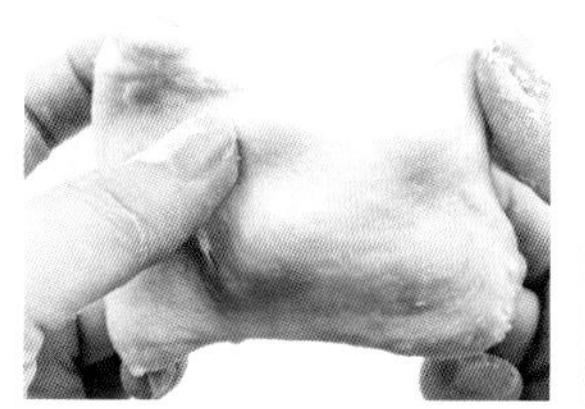
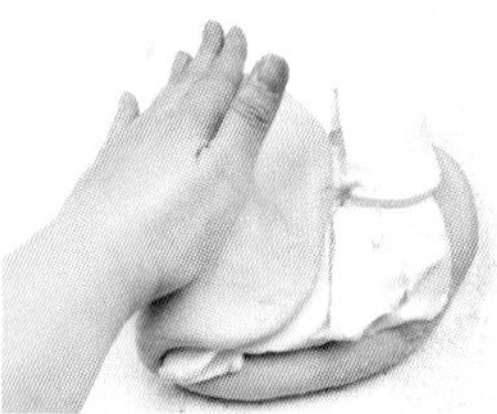
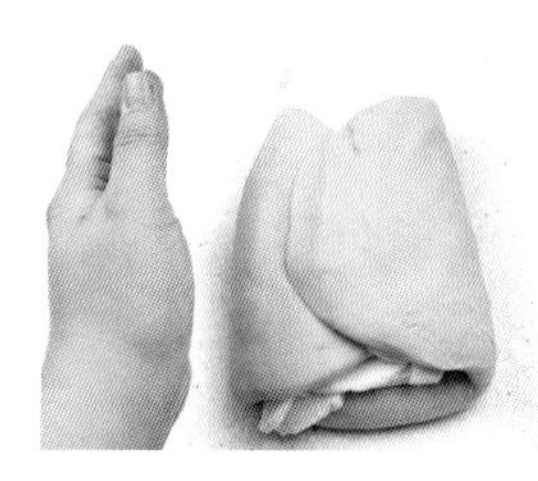
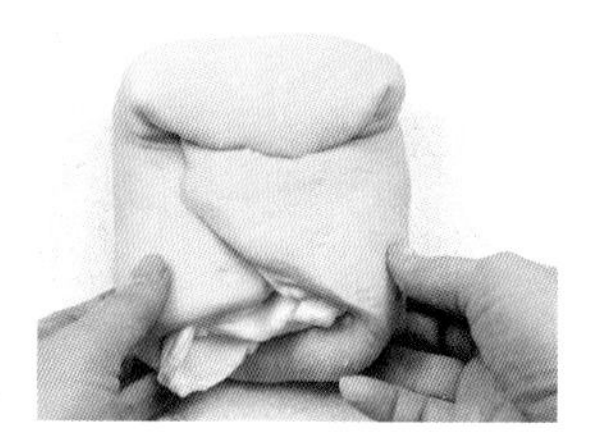

5 반죽을 조금 떼어 천천히 늘려봤을 때 반죽이 탄성있게 늘어나기 시작하면 버터를 넣고 감싼다.

TIP 버터의 상태는 차가움을 유지하지만 부드럽게 휘어지는 정도가 좋아요. 너무 딱딱한 경우 손의 열기로 조금 부드럽게 만들어 주세요.

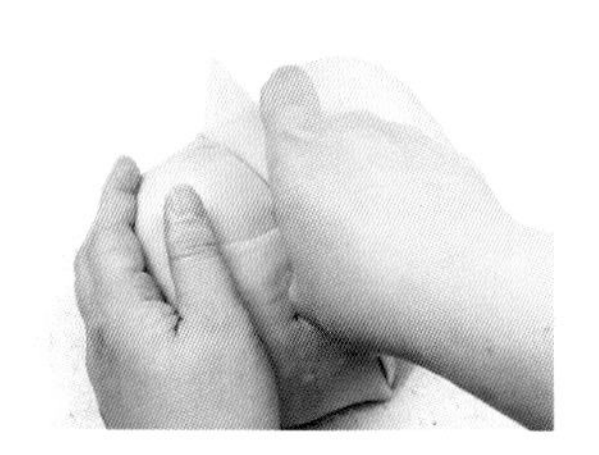
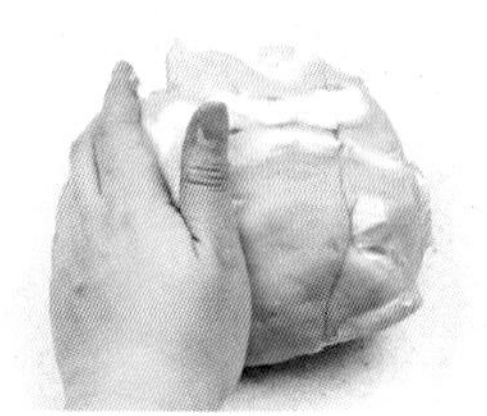
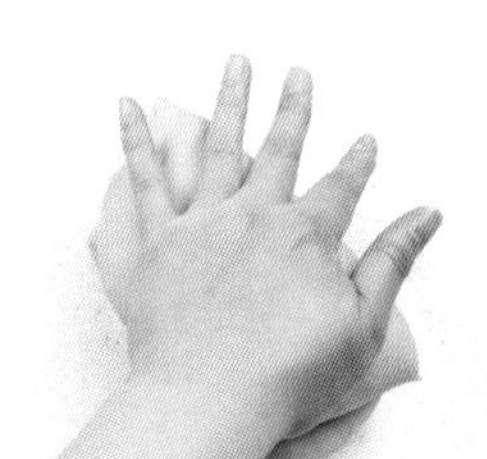
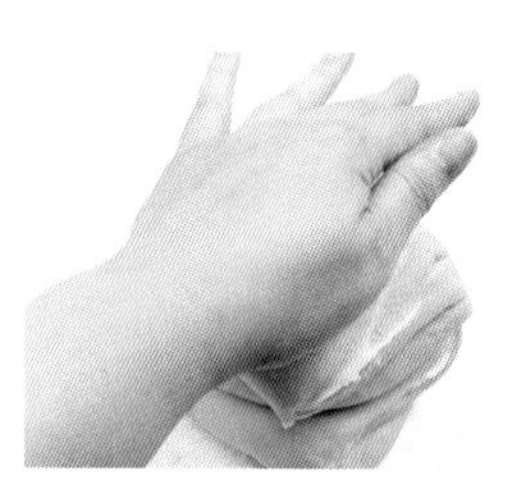

6 4.의 과정을 반복한다.

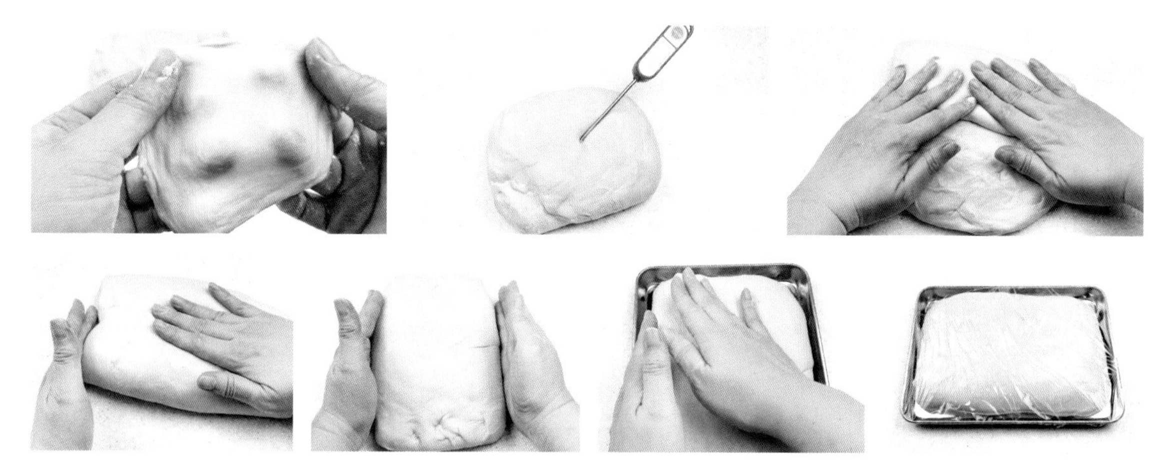

7 글루텐을 확인한 후(반죽이 끊김 없이 얇고 투명하게 늘어나는 정도) 반죽 온도를 재본다.

TIP 반죽 최종온도 23~24˚C

8 반죽을 3절 접기한 후 랩핑 후, 실온(28~29˚C)에서 40분간 발효한다.

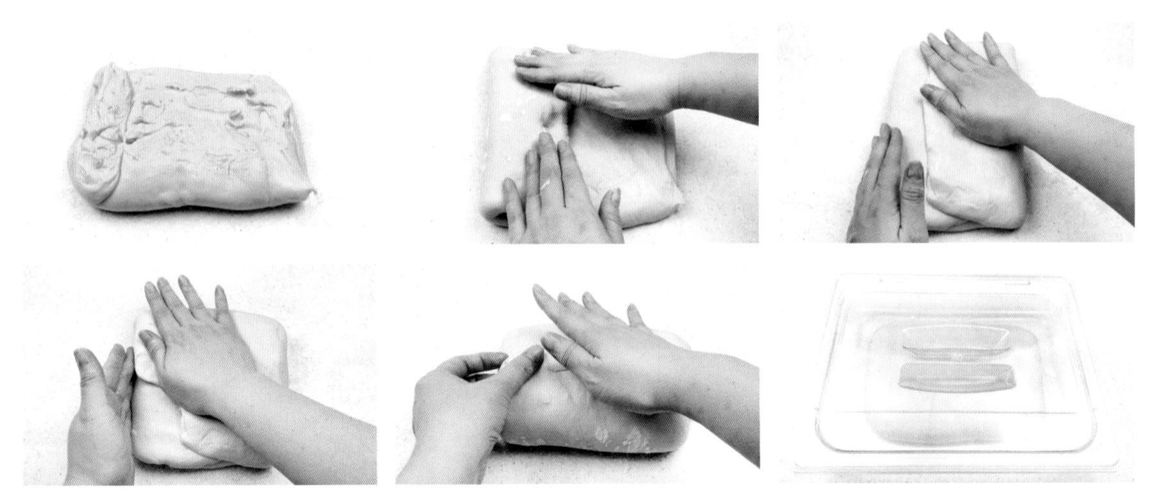

9 반죽을 손으로 눌러 평평하게 만들고 3절 접기를 한 번 더 반복한다.

10 비닐을 씌운 후 냉장고(3˚C)에서 하루 동안 냉장 발효한다.

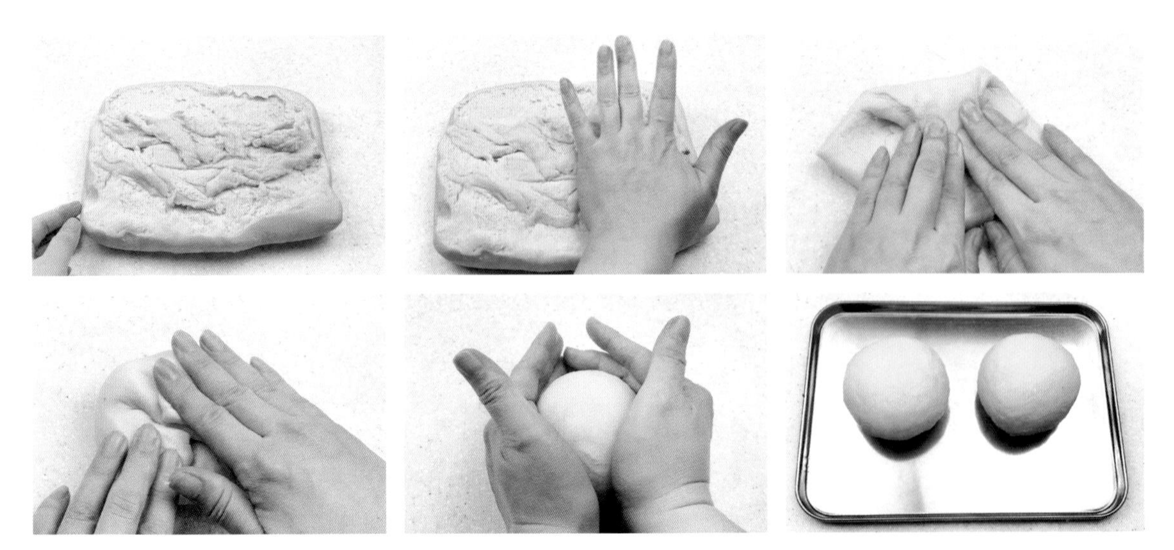

11 바닥에 덧가루를 뿌리고 반죽을 꺼낸 뒤 손으로 눌러가며 기포를 빼준다.

12 2등분으로 분할하여 예쁘게 둥글리기 한다.

13 랩핑 후 냉장고에서 40~50분간 휴지한다.

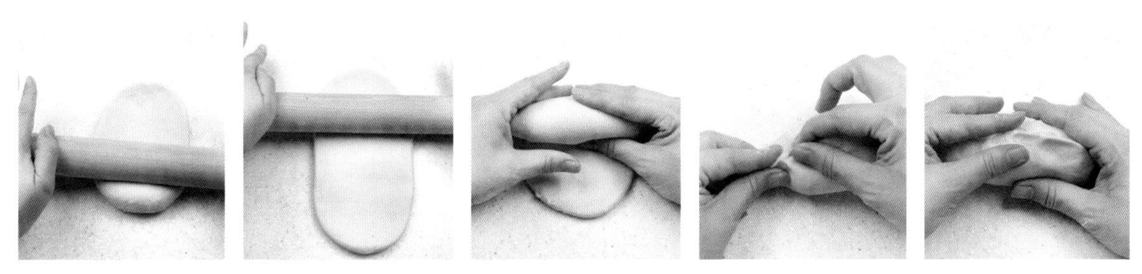

14 반죽의 매끈한 부분을 위로오게 하여 밀대로 위아래 한 번 씩 밀어준 후 뒤집어 준다.

TIP 바닥에 덧가루를 조금씩 뿌려가며 작업해 주세요.

15 반죽의 길이를 27~28cm까지 만들고 위에서부터 접어 내려오며 마지막은 잘 꼬집어 준다.

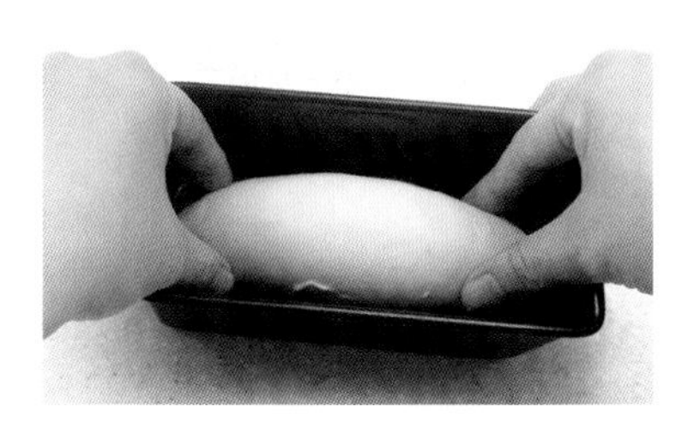

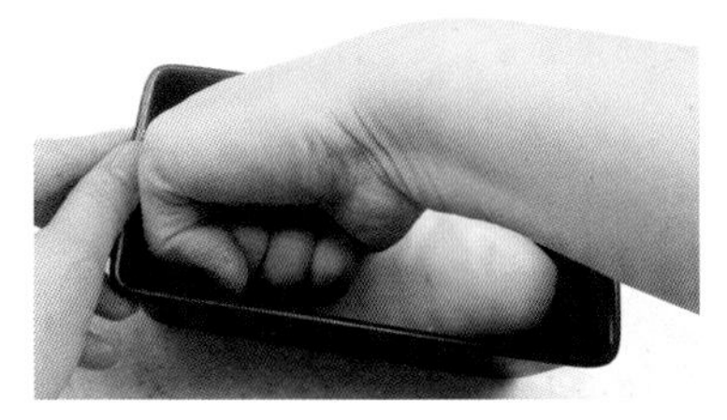

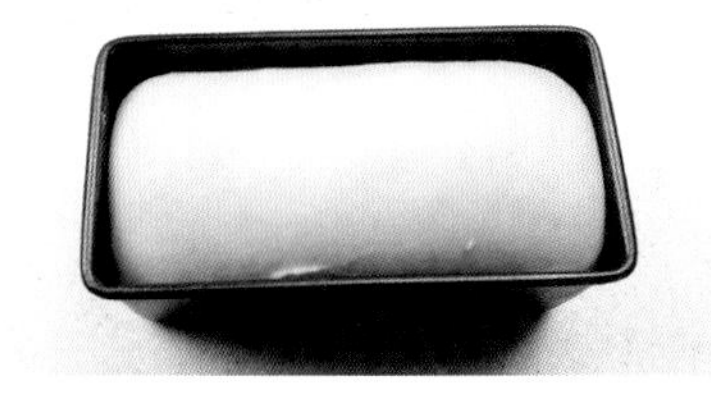

16 틀에 넣고 손으로 살짝 눌러준 후 랩을 덮어 실온에서 2차 발효한다.

17 틀높이까지 올라오면 계란물을 바르고 165˚C 오븐에서 22~25분간 구워준다.

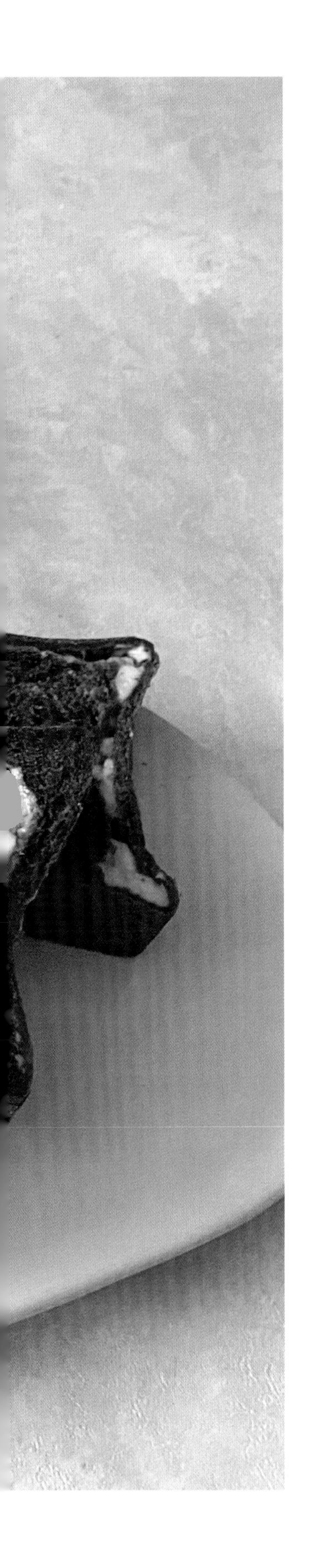

07 먹물 치즈 큐브식빵

먹물과 치즈를 가득 넣은 앙증맞은 큐브식빵은 색감도 예쁘고 맛도 좋은 훌륭한 디저트입니다. 따듯할 때 즐기면 더욱 맛있어요.

INGREDIENTS

9cm 정사각 큐브틀 2대 분량

강력쌀가루	: 200g
전란	: 50g
소금	: 2g
설탕	: 20g
물	: 80g
플레인요거트(무가당)	: 30g
버터	: 20g
세미 드라이 이스트(골드)	: 3g
롤치즈(또는 콜비잭치즈)	: 100g
오징어 먹물	: 4g
에멘탈 가공치즈	: 약 150g

●●● 레벨

최종 반죽온도 27~28˚C

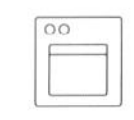

165˚C 22분

➲ 먹물 치즈 큐브식빵

준비하기 강력쌀가루 : 200g, 전란 : 50g, 소금 : 2g, 설탕 : 20g, 물 : 80g, 플레인요거트(무가당) : 30g, 버터 : 20g, 세미드라이 이스트(골드) : 3g, 롤치즈 : 100g, 오징어 먹물 : 4g, 에멘탈 가공치즈 : 약 150g

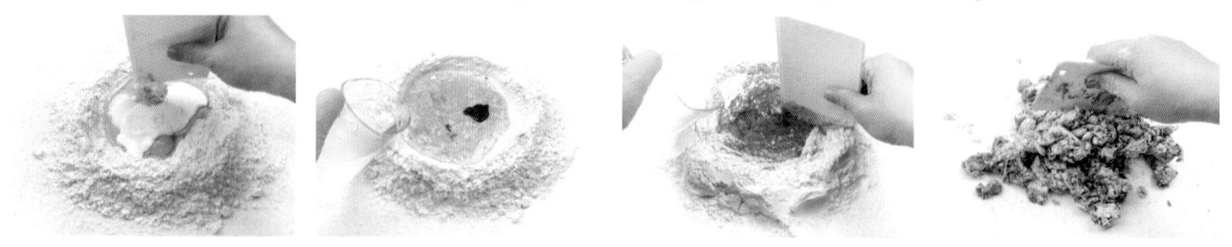

1 쌀가루 중간을 손으로 움푹 파고 그 안에 버터, 물, 먹물을 제외한 나머지 재료를 넣고 스크래퍼 끝으로 섞어준다.

2 오징어 먹물을 넣어 섞고, 물을 나누어 넣은 뒤 스크래퍼 끝으로 주변을 조금씩 섞어가며 뭉친다.

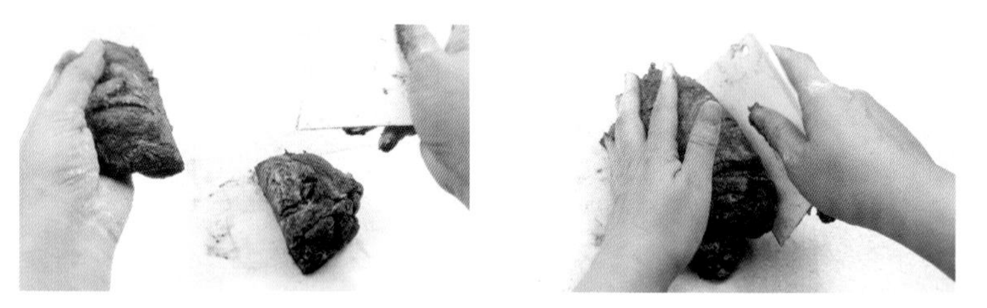

3 뭉쳐진 반죽은 스크래퍼로 잘라서 위에 얹어 치대는 과정을 수십 차례 반복한다.

TIP 치대는 횟수는 보통 30~40회 이상이며 개인의 숙련도에 따라 달라요.

4 반죽을 내려쳐가며 힘 있게 치대준다.

5 반죽을 조금 떼어 글루텐 형성이 두껍게 보이면 버터를 넣고 3~4번 과정을 반복한다.

TIP 버터의 상태는 차가움을 유지하지만 부드럽게 휘어지는 정도가 좋아요. 너무 딱딱한 경우 손의 열기로 조금 부드럽게 만들어 주세요.

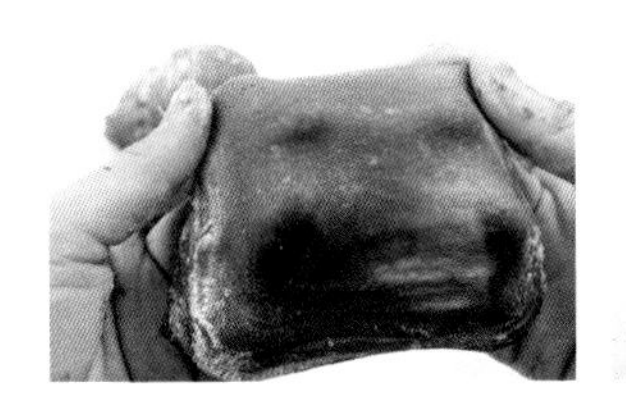   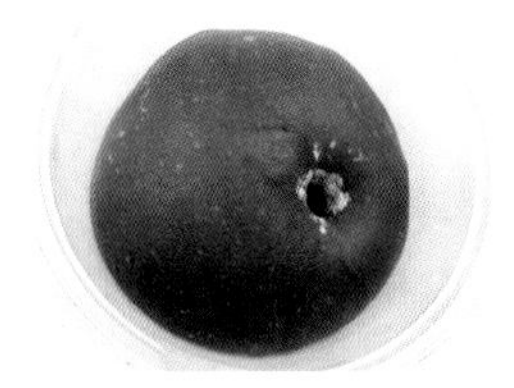

6 글루텐이 얇게 형성되었는지 확인 후 반죽 온도를 재본다. TIP 반죽 최종온도 27~28˚C

7 랩핑 후, 따듯한 곳(28~29˚C)에서 1시간~1시간 20분 정도 1차 발효한다. TIP 반죽이 2배 가까이 부풀 때까지

8 덧가루를 묻힌 손가락을 반죽에 찔러보았을 때 수축하거나 가라앉는 현상 없이 구멍 모양을 유지하는지 확인한다.

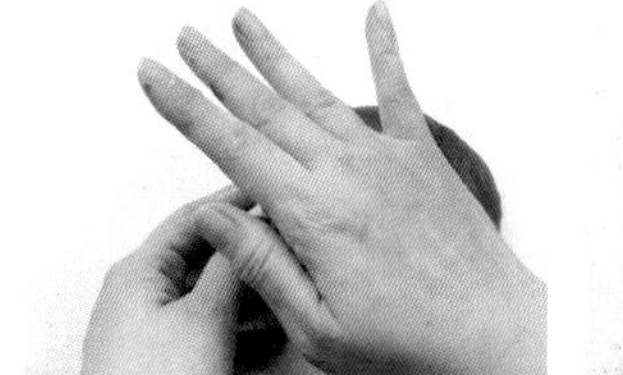 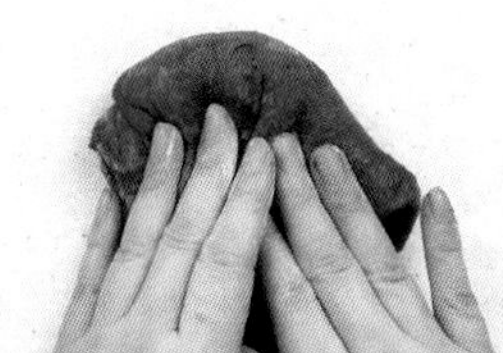 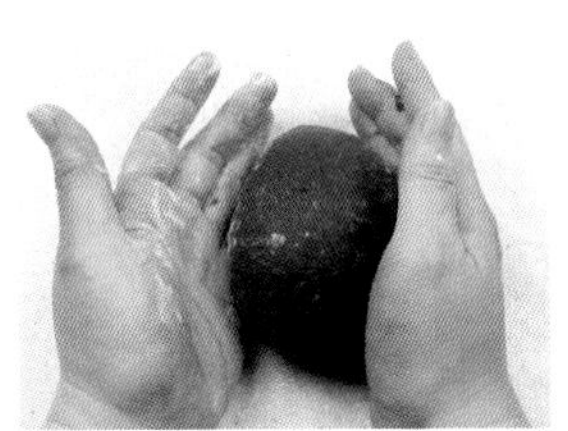 

9 반죽을 2등분하고 둥글리기 한 후 랩을 씌워 15~20분간 휴지한다.

10 예쁜 부분을 위로 오도록 하여 밀대로 위아래 밀어준 후 뒤집어준다.

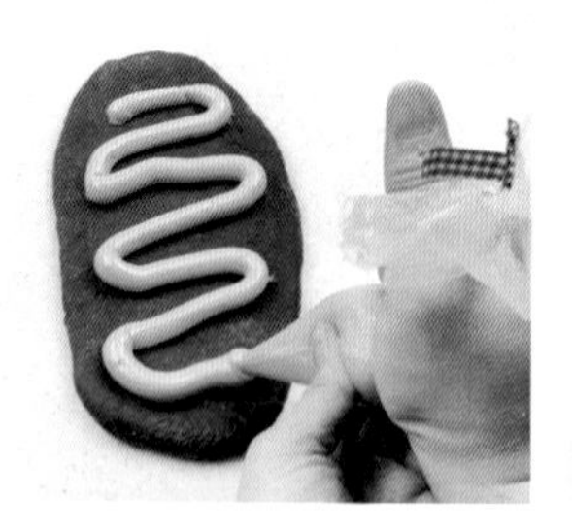
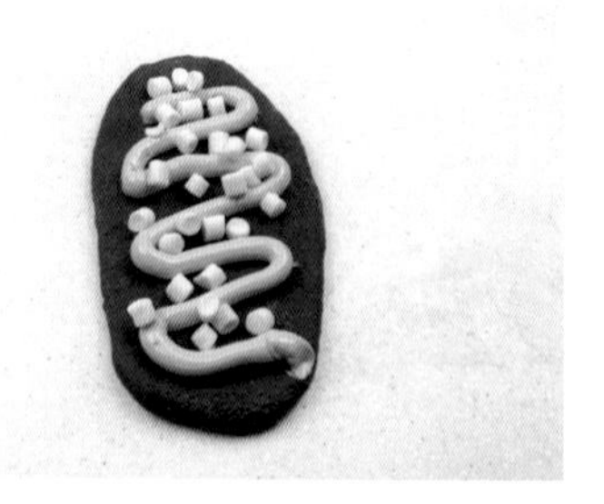

11 반죽을 27~28 cm 길이만큼 균일한 두께로 밀어준다. TIP 바닥에 덧가루를 조금씩 뿌려가며 작업해 주세요.

12 에멘탈 가공치즈를 짜준 후 롤치즈를 뿌린다.

13 위에서부터 반죽을 말아내리고 잘 꼬집어 준다.

TIP 반죽이 틀보다 길어지지 않도록 오므려가며 접어내려 마무리 해줍니다.

14 꼬집은 부분은 바닥으로 향하게 하여 틀 안에 넣고 손으로 살짝 눌러준다.

15 28~29˚C에서 발효하여 틀 아래 0.5cm~1cm 까지 반죽이 부풀어 올라오면 뚜껑을 닫는다.

16 165˚C에서 22~24분간 구워준다.

08 잉글리시 머핀

간단한 아침 식사로 잉글리시 머핀만 한 것이 없답니다.
시간 날 때 미리 만들어 냉동해 두고 휴일 아침에 간단하게
머핀 샌드위치를 만들어 보세요.

INGREDIENTS

무스링(9cmX3.5cm) 5개 분량

강력쌀가루	: 240g
소금	: 3g
설탕	: 13g
세미 드라이 이스트(골드)	: 5g
탈지분유	: 10g
물	: 120g
우유	: 60g
버터	: 10g
옥수수가루	: 약간

● ○ ○
레벨

최종 반죽온도
27~28˚C

170˚C 13분

➲ 잉글리시 머핀

준비하기 강력쌀가루 : 240g, 소금 : 3g, 설탕 : 13g, 세미 드라이 이스트(골드) : 5g, 탈지분유 : 10g, 물 : 120g, 우유 : 60g, 버터 : 10g, 옥수수가루 : 약간

1 쌀가루 중간을 손으로 움푹 파고 그 안에 버터를 제외한 나머지 재료를 넣어준다.

2 스크래퍼 끝으로 주변을 조금씩 섞어가며 한 덩어리로 뭉친다.

3 뭉쳐진 반죽은 손으로 힘 있게 치대준다.

4 중간중간 스크래퍼로 반죽을 잘라서 위에 얹어 치대는 과정을 수십 차례 반복한다.

TIP 치대는 횟수는 보통 30~40회 이상이며 개인의 숙련도에 따라 달라요.

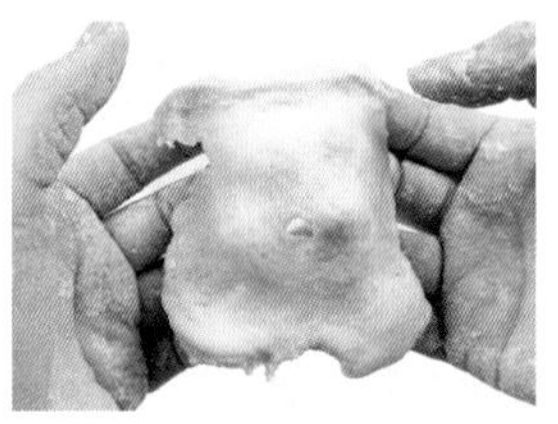
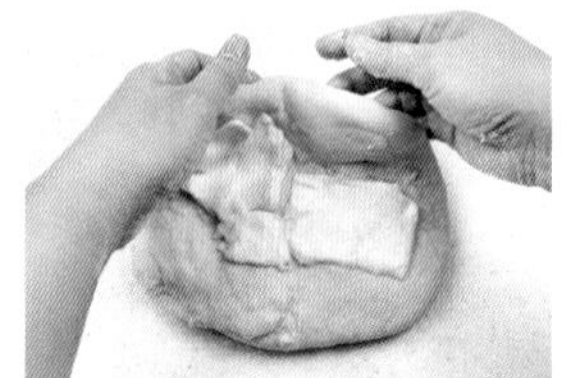
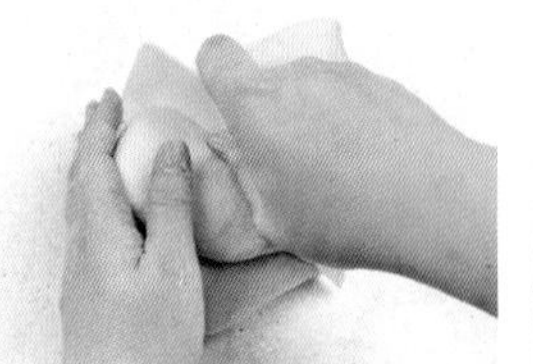
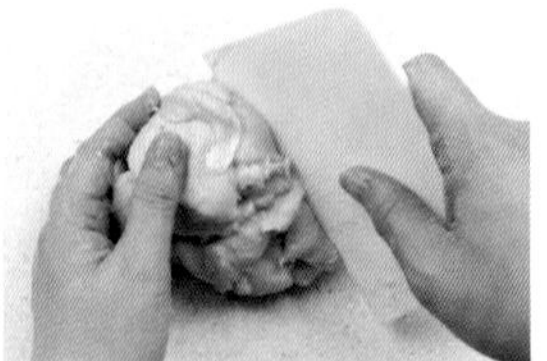

5 반죽을 조금 떼어 글루텐 형성이 두껍게 보이면 버터를 넣고 3.~4.의 과정을 반복한다.

TIP 버터의 상태는 차가움을 유지하지만 부드럽게 휘어지는 정도가 좋아요. 너무 딱딱한 경우 손의 열기로 조금 부드럽게 만들어 주세요.

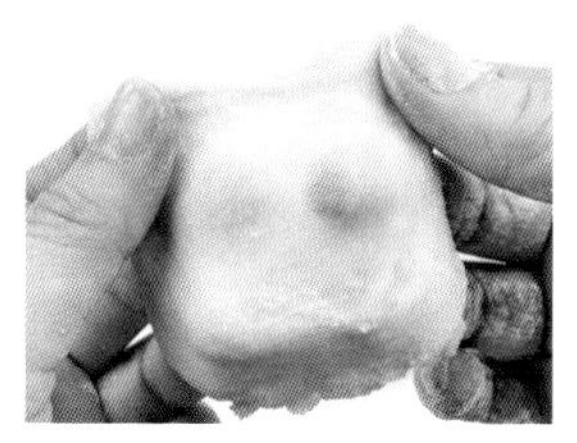   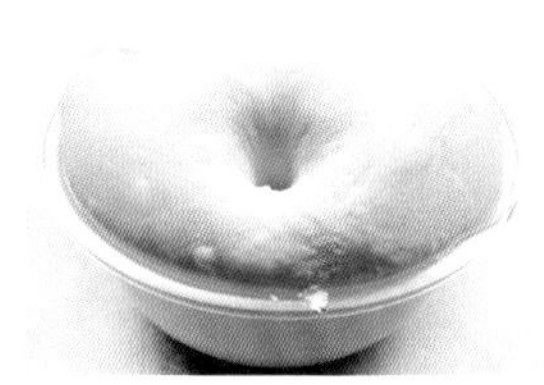

6 글루텐이 얇게 형성되었는지 확인한 후 반죽 온도를 재본다. TIP 반죽 최종온도 27~28˚C

7 랩핑 후 따듯한 곳(28~29˚C)에서 1시간 정도 1차 발효한다. TIP 반죽이 2배 가까이 부풀 때까지

8 덧가루를 묻힌 손가락을 반죽에 찔러보았을 때 수축하거나 가라앉는 현상 없이 구멍 모양을 유지하는지 확인한다.

9 반죽을 5개로 분할하고 둥글리기 한다. TIP 손에 덧가루(강력쌀가루)를 살짝 묻히고 작업해 주세요.

10 반죽 밑을 잡고 윗면에 옥수수가루를 묻혀준 후 틀 안에 넣어준다.

11 반죽을 따듯한 곳(28~29˚C)에서 40~50분 2차 발효한다. TIP 틀의 80%만큼 부풀 때까지

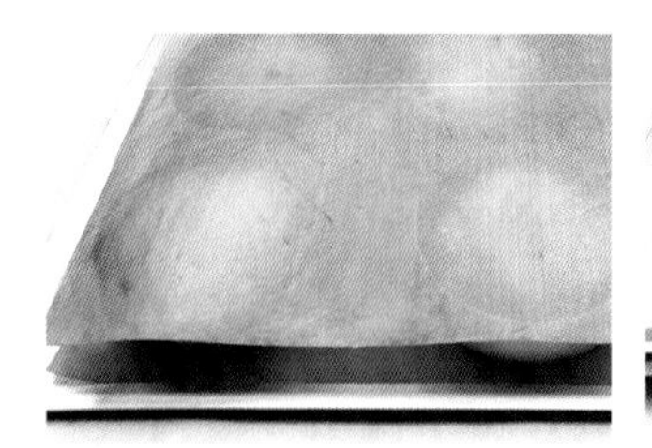 

12 반죽 위에 테프론시트를 올리고 팬을 덧대어 준다.

13 170˚C에서 13~14분간 구워준다.

일회용틀 만들기

1 원하는 높이로 종이를 재단한다.
2 틀이 있다면 틀에 둘러 사이즈를 맞춘 후 스테플러로 찍어 만든다. (틀이 없다면 원하는 지름으로 만들고 스테플러로 찍어 만든다.)
3 높이에 맞게 테프론시트를 재단한 후 틀 안 쪽에 넣고 사용한다.

09 먹물 치즈 머핀

오징어 먹물과 치즈를 넣고 만드는 짭조름한 먹물 치즈 머핀은 아이들보다 어른들이 더 좋아하는 머핀입니다. 아무것도 넣지 않고 빵만 구워 먹어도 훌륭한 맛이지요.

INGREDIENTS

무스링 9cmX3.5cm, 5개 분량

강력쌀가루	: 210g
파마산가루	: 10g
소금	: 3g
설탕	: 10g
세미 드라이 이스트(골드)	: 5g
탈지분유	: 10g
물	: 110g
우유	: 55g
오징어 먹물	: 6g
버터	: 10g
롤치즈	: 60g
파마산가루	: 100g
레드페퍼	: 3g
후추	: 1꼬집

●●○
레벨

최종 반죽온도
27~28˚C

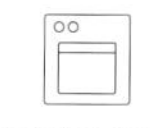

170˚C 15분

➲ 먹물 치즈 머핀

준비하기 강력쌀가루 : 210g, 파마산가루 : 10g, 소금 : 3g, 설탕 : 10g, 세미 드라이 이스트(골드) : 5g, 탈지분유 : 10g, 물 : 110g, 우유 : 55g, 오징어 먹물 : 6g, 버터 : 10g, 롤치즈 : 60g, 파마산가루 : 100g, 레드페퍼 : 3g, 후추 : 1꼬집

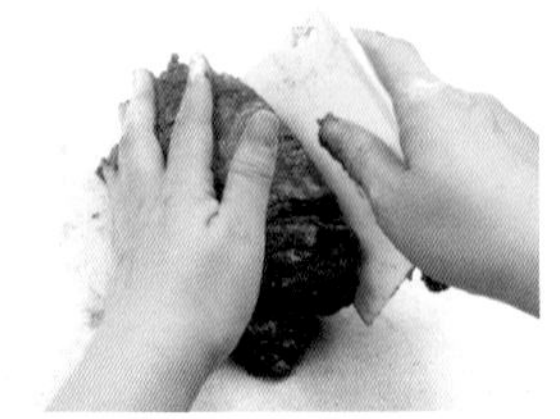
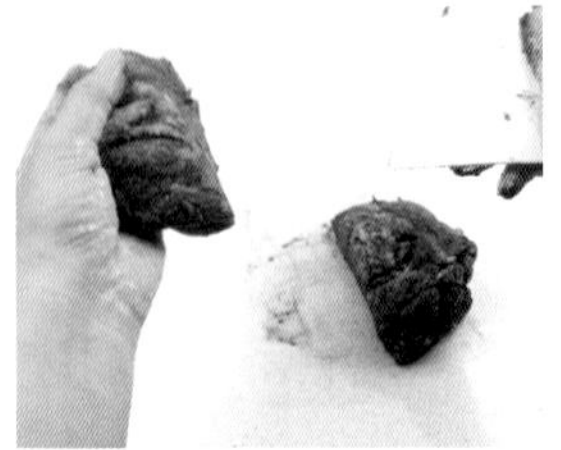

1 쌀가루 중간을 손으로 움푹 파고 버터를 제외한 나머지 재료를 넣고 스크래퍼 끝으로 주변을 조금씩 섞어가며 한 덩어리로 뭉친다.

2 뭉쳐진 반죽은 손으로 힘 있게 치대준다.

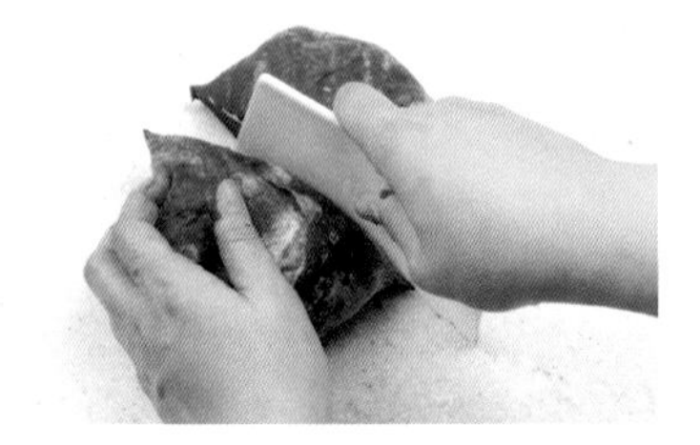

3 중간중간 스크래퍼로 반죽을 잘라서 위에 얹어 치대는 과정을 수십 차례 반복한다.

TIP 치대는 횟수는 보통 30~40회 이상이며 개인의 숙련도에 따라 달라요.

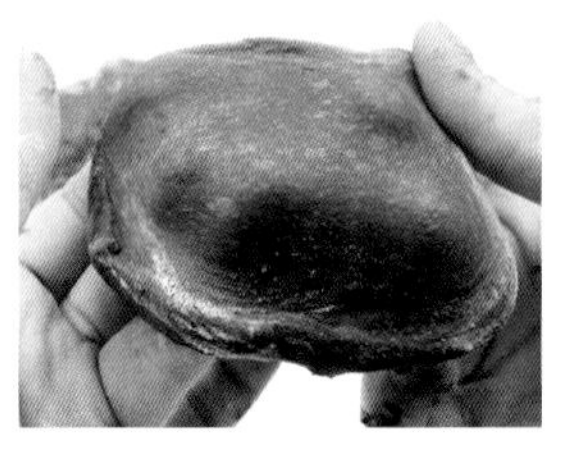

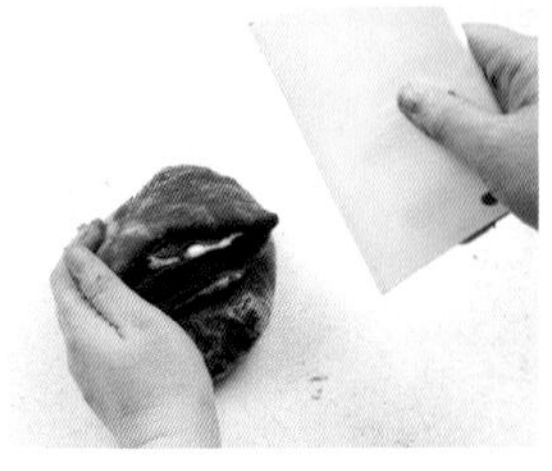
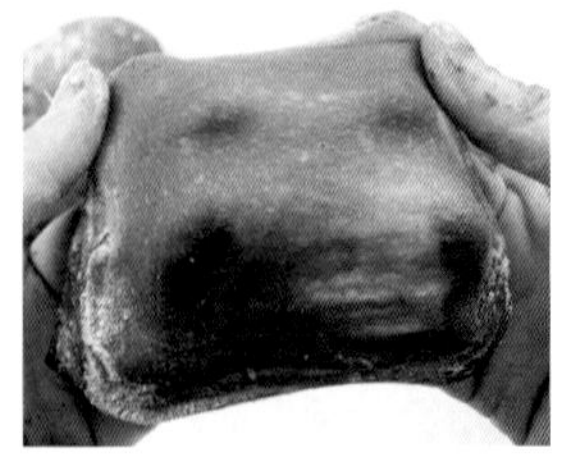

4 반죽을 조금 떼어 글루텐 형성이 보이면 버터를 넣고 3.의 과정을 반복한다.

TIP 버터의 상태는 차가움을 유지하지만 부드럽게 휘어지는 정도가 좋아요. 너무 딱딱한 경우 손의 열기로 조금 부드럽게 만들어 주세요.

5 글루텐이 얇게 형성되었는지 확인한 후 반죽 온도를 재본다. TIP 반죽 최종온도 27~28˚C

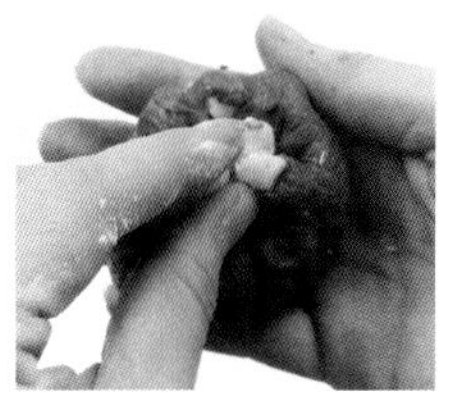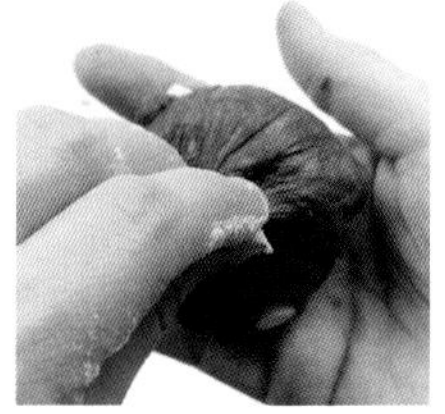

6 롤치즈를 넣고 스크래퍼로 잘라가며 3~4회 치대준다.

7 랩핑 후, 따듯한 곳(28~29˚C)에서 1시간 정도 1차 발효한다. TIP 반죽이 2배 가까이 부풀 때까지

8 5개로 분할하고 둥글리기 한다. TIP 손에 덧가루(강력쌀가루)를 살짝 묻히고 작업해 주세요.

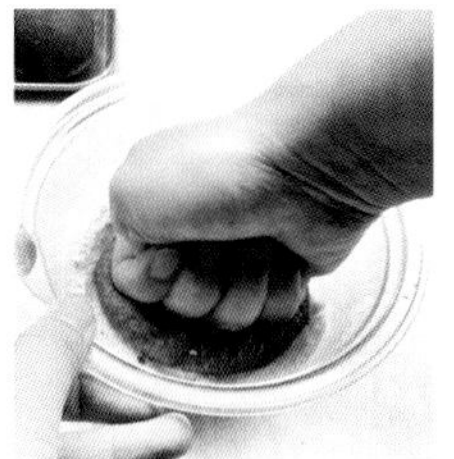

9 파마산가루에 레드페퍼와 통후추를 갈아 섞어 준다.

10 반죽의 바닥을 잡고 납작하게 눌러 성형하여 테프론시트를 두른 틀에 넣는다.

11 40~50분 정도 발효하여 반죽의 높이가 틀의 80%까지 부풀면 테프론시트를 올리고 팬을 덧대준다.

12 170˚C 오븐에서 14~15분간 굽는다.

CHAPTER

04

집에서도 손쉽게 홈브런치

정성스럽게 만든 손 반죽 빵으로
간단하지만 맛있는 브런치를 준비해 보세요.
집에서도 근사한 홈브런치를 즐길 수 있어요

01 하와이안 미니버거

집에서 직접 만든 모닝빵으로 하와이안 미니버거를 만들어 보세요. 앙증맞고 귀여운 미니버거는 아이들과 함께 간단하게 만들 수 있는 간식으로 추천합니다.

INGREDIENTS

모닝빵	: 2개
양상추	: 3장
파인애플	: 50g
해물완자	: 2개
케찹	: 약간
마요네즈	: 약간

●○○
레벨

➲ 모닝빵 만들기 105쪽을 참고해 주세요.

하와이안 미니버거

준비하기 모닝빵 : 2개, 양상추 : 3장, 파인애플 : 50g, 해물완자 : 2개, 케찹, 마요네즈

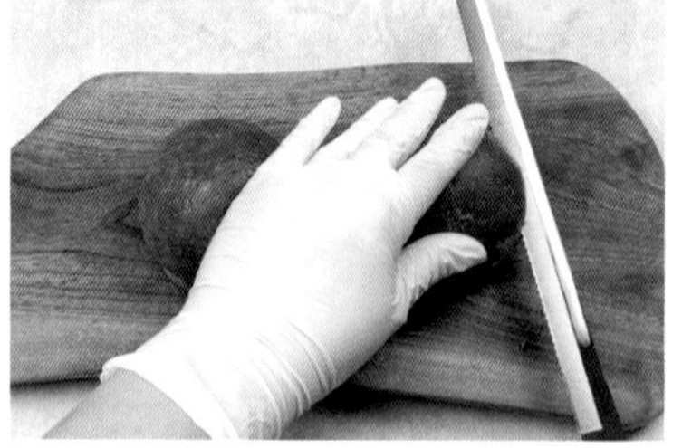
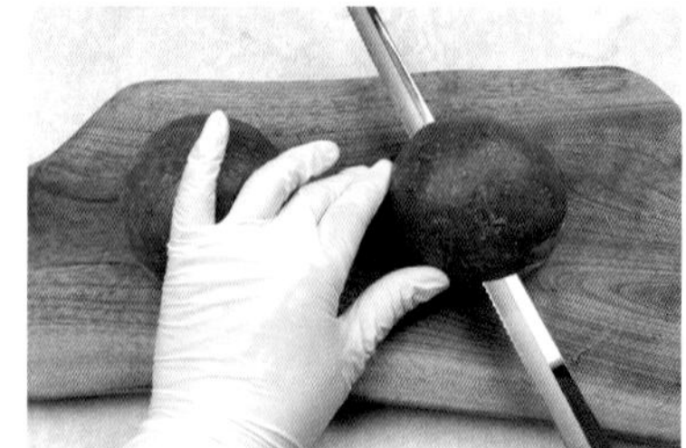

1 양상추는 깨끗이 씻어 물기를 제거하고, 파인애플은 키친타월을 받쳐 물기를 제거한다.
2 해물완자는 구워서 준비한다.
3 모닝빵은 1cm 정도만 남기고 커팅한다.

4 모닝빵 속에 마요네즈를 발라준다.
5 양상추, 파인애플, 해물완자 순으로 올려준다.

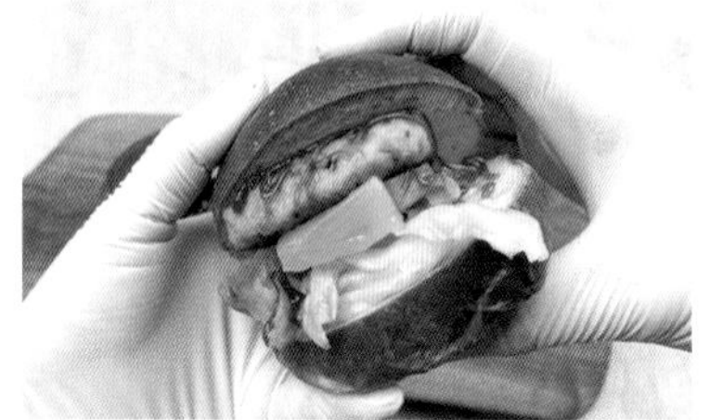

6 케찹을 뿌려 완성

02 핫치킨 토스트

한 끼 식사로도 충분한 핫치킨 토스트. 치킨텐더에 핫소스를 더해 매콤함을 주었어요. 조금 더 매운 맛을 원한다면 불닭소스와 할라페뇨를 넣어도 맛있답니다.

INGREDIENTS

식빵	: 2쪽
버터(식빵 굽는 용도)	: 10g
햄	: 1장
치즈	: 1장
치킨텐더	: 2개
매운 치킨소스	: 약간
사과잼	: 약간
양배추	: 약간

× 계란지단

전란	: 50g
설탕	: 5g
소금	: 0.5g
양배추	: 60g

●○○
레벨

➔ **브리오슈 큐브식빵 만들기** 115쪽을 참고해 주세요.

핫치킨 토스트

준비하기 식빵 : 2쪽, 버터(식빵 굽는 용도) : 10g, 햄 : 1장, 치즈 : 1장, 치킨텐더 : 2개, 매운 치킨소스 : 약간, 사과잼 : 약간, 양배추 : 취향껏 (계란지단 - 전란 : 50g, 설탕 : 5g, 소금 : 0.5g, 양배추 : 60g)

1 전란에 설탕, 소금을 넣고 잘 섞어준 후 얇게 채 썬 양배추를 넣어 버무리고 프라이팬에(식빵과 비슷한 크기로)구워 준비해둔다.

2 버터 두른 팬에 약불에서 노릇하게 빵을 구워준 후 사과잼을 발라둔다.

TIP 좋아하는 잼이나 시럽을 발라도 좋아요.

3 한쪽에는 치즈, 한쪽에는 햄을 올려준다.

4 계란지단을 올리고 매운 치킨소스를 뿌려준다.

TIP 조금 더 매운 맛을 원한다면 불닭소스와 할라페뇨를 넣어도 맛있어요.

5 튀긴 치킨 너겟을 올린 후 얇게 채 썬 양배추를 취향껏 올리고 덮어준다.

6 토스트 봉투(또는 종이호일)에 감싸준다.

Delicious & Fresh

03 햄치즈 토스트

가장 기본적인 오리지널 토스트가 생각날 때 햄치즈 토스트를 만들어 보세요. 언제든 손쉽게 만들 수 있는 간단하면서도 맛있는 디저트입니다.

INGREDIENTS

식빵	: 2쪽
버터(식빵 굽는 용도)	: 10g
햄	: 1장
치즈	: 1장
사과잼	: 약간
케첩	: 약간
설탕	: 10g

× 계란지단

전란	: 50g
설탕	: 5g
소금	: 0.5g
양배추	: 60g

●○○
레벨

➲ **브리오슈 큐브식빵 만들기** 115쪽을 참고해 주세요.

햄치즈 토스트

준비하기 식빵 : 2쪽, 버터(식빵 굽는 용도) : 10g, 햄 : 1장, 치즈 : 1장, 사과잼 : 약간, 케첩 : 약간, 설탕 : 10g
(계란지단 - 전란 : 50g, 설탕 : 5g, 소금 : 0.5g, 양배추 : 60g)

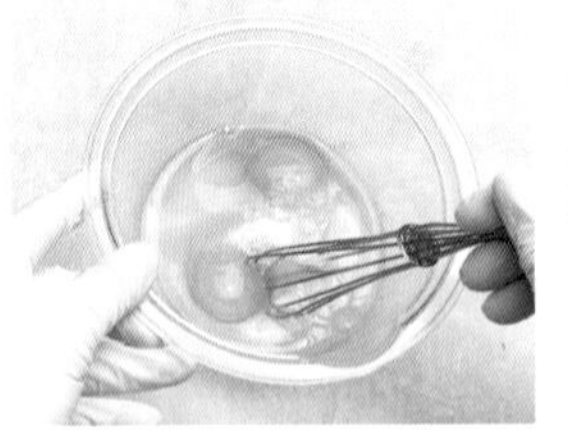
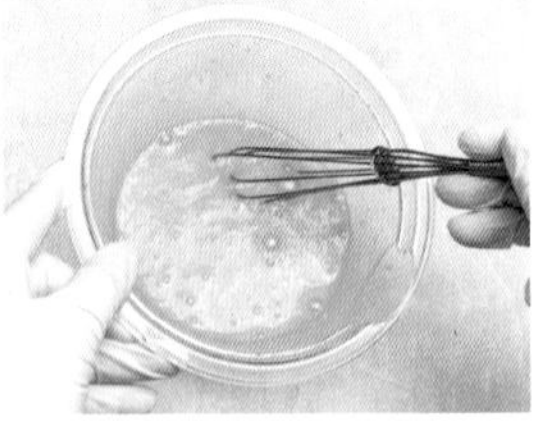

1 전란에 설탕, 소금을 넣고 잘 섞어준 후 얇게 채 썬 양배추를 넣어 버무리고 프라이팬에 구워 준비해둔다.

2 버터 두른 팬에 약불에서 노릇하게 빵을 구워준 후 사과잼을 발라둔다.

3 한쪽에는 치즈, 한쪽에는 햄을 올려준다.

4 계란지단을 올리고 케첩을 뿌린다. 설탕을 뿌려준 후 덮어준다.

Chapter ④ 집에서도 손쉽게 홈브런치

04 불고기 토스트

달콤한 불고기 토스트에 야채를 듬뿍 넣으면 한 끼 식사로도 충분해요. 느끼한 맛이 부담된다면 청양고추나 할라페뇨를 넣어 보세요.

INGREDIENTS

식빵	: 2쪽
버터(식빵굽는 용도)	: 10g
치즈	: 1장
불고기	: 90g
파프리카	: 1/5개
토마토	: 반개
양상추	: 3장
케찹	: 약간
데리야키소스	: 약간
사과잼	: 약간

●○○
레벨

➲ **브리오슈 큐브식빵 만들기** 115쪽을 참고해 주세요.

불고기 토스트

준비하기 식빵 : 2쪽, 버터(식빵 굽는 용도) : 10g, 치즈 : 1장, 불고기 : 90g, 파프리카 : 1/5개, 토마토 : 반개, 양상추 : 3장
케찹 : 약간, 데리야키소스 : 약간, 사과잼 : 약간

1 버터 두른 팬에 약불에서 노릇하게 빵을 구워준 후 사과잼을 발라둔다.

2 한쪽에는 치즈, 한쪽에는 양상추를 올려준다.
3 파프리카와 토마토를 올린다.

4 그 위에 바짝 볶은 불고기를 올려준다. TIP 할라페뇨를 넣을 경우 불고기 위에 올려주세요.
5 케찹과 데리야키 소스를 뿌린 후 식빵을 덮어준다.

05 프렌치 토스트

집에서도 카페처럼 멋진 브런치를 즐길 수 있어요. 버터를 녹여 노릇하게 빵을 굽고 과일과 견과류, 달콤한 시럽으로 데코하면 프렌치 토스트 완성! 브런치 카페도 부럽지 않아요.

INGREDIENTS

브리오슈 식빵	: 2쪽
버터(식빵 굽는 용도)	: 20g
과일	: 적당히
비엔나 소시지	: 3알
아몬드 슬라이스	: 20g
피칸	: 10g
헤이즐넛	: 10g
데코 스노우	: 약간
메이플시럽	: 약간

× 계란 반죽

전란	: 100g
노른자	: 1알
소금	: 1g
설탕	: 10g
생크림	: 30g
우유	: 70g

● ○ ○
레벨

➔ **브리오슈 식빵 만들기** 133쪽을 참고해 주세요.

프렌치 토스트

준비하기 브리오슈식빵 : 2쪽, 버터(식빵 굽는 용도) : 20g, 과일 : 적당히, 비엔나 소시지 : 3알, 아몬드 슬라이스 : 20g, 피칸 : 10g, 헤이즐넛 : 10g, 데코스노우, 메이플시럽
(계란 반죽 - 전란 : 100g, 노른자 : 1알, 소금 : 1g, 설탕 : 10g, 생크림 : 30g, 우유 : 70g)

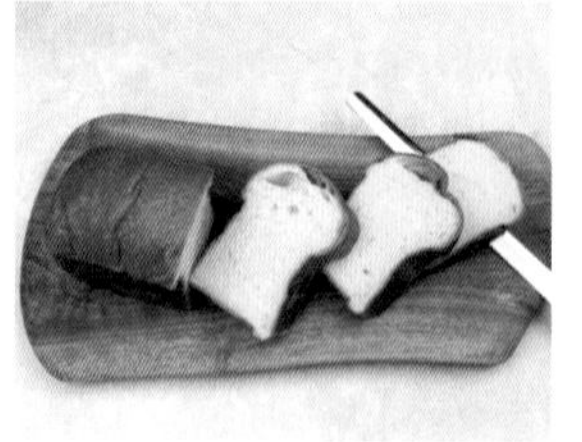

1 계란 반죽은 재료를 모두 섞어준 후 랩을 씌워 냉장고에 30분 이상 둔다.
2 식빵은 2.5cm두께로 썰어 준비한다.
3 계란 반죽에 식빵을 넣어 계란 반죽이 잘 스며들도록 앞뒤로 푹 담가준다.

4 버터 두른 팬에 식빵과 소시지를 노릇하게 구워준다. TIP 식빵은 약불에서 은은하게 구워주세요.
5 그릇에 빵을 옮겨담고 바나나, 키위, 블루베리, 라즈베리 등의 과일을 올려준다.
TIP 딸기철에는 딸기를 데코해 보세요. 제철 과일과 함께 프렌치 토스트를 즐기면 더욱 맛있답니다.
6 로스팅한 견과류를 뿌리고 그 위에 데코 스노우를 예쁘게 체 쳐준다.
7 메이플시럽을 골고루 뿌려준다.

UTCO 1759 KT
Olean, NY
Made in U.S.A.

06 햄치즈 머핀

잉글리시 머핀만 있다면 간단하게 뚝딱! 만들 수 있는 햄치즈 머핀을 만들어보세요.

INGREDIENTS

잉글리시머핀	: 1개
햄	: 1장
치즈	: 1장
계란프라이	: 1개
홀그레인 머스타드	: 약간

●○○ 레벨

➔ 잉글리시 머핀 만들기 145쪽을 참고해 주세요.

햄치즈 머핀

준비하기 잉글리시머핀 : 1개, 햄 : 1장, 치즈 : 1장, 계란프라이 : 1개, 홀그레인 머스타드

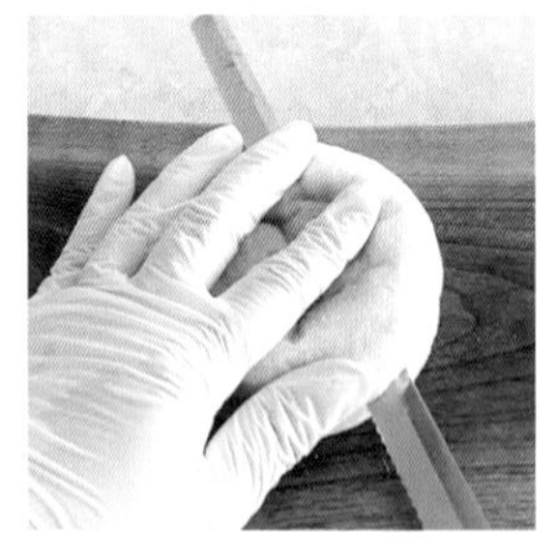

1 잉글리시 머핀은 반으로 커팅해 둔다.
2 홀그레인 머스타드를 바르고 햄과 치즈를 올려준다.

3 계란프라이를 올리고 덮어준다.

07 블랙 새우 머핀

이색적인 머핀을 맛보고 싶다면 새우까스에 칠리소스를 얹어보세요. 먹물 치즈 머핀과 새우, 칠리의 조합이 정말 좋아요.

INGREDIENTS

먹물 치즈 머핀	: 1개
햄	: 1장
치즈	: 1장
계란프라이	: 1개
새우까스	: 1장
칠리소스	: 약간

●○○ 레벨

➲ **먹물 치즈 머핀 만들기** 151쪽을 참고해 주세요.

블랙 새우 머핀

준비하기 먹물 치즈 머핀 : 1개, 햄 : 1장, 치즈 : 1장, 계란프라이 : 1개, 새우까스 : 1장, 칠리소스

1 먹물 치즈 머핀은 반으로 커팅하고 마요네즈를 발라준다.
2 햄과 치즈를 올려준다.

3 반숙 계란프라이를 올리고 칠리소스를 발라준다.
TIP 느끼한 맛을 잡고 싶다면 할라페뇨를 다져서 넣어보세요.
4 새우까스를 올리고 머핀 반쪽을 덮어준다.

➔ 빵과 곁들여 먹으면 더 맛있는 샐러드 비나그래찌(Vinagrete)

준비하기 완숙토마토 : 2개, 파프리카 : 1개, 오이 : 1개, 양파 : 1개, 올리브유 : 60g, 화이트와인 식초 : 20g, 소금 : 2g, 후추 : 약간, 레몬즙 : 15g

1 양파는 다져서 찬물에 30분 정도 담근 후 체에 밭쳐 물기를 제거한다.

2 오이는 반으로 가르고 가운데 씨를 발라낸 후 잘라둔다.

3 파프리카와 토마토는 작은 큐브 모양으로 썰어둔다.

4 올리브유에 식초, 소금, 후추, 레몬즙을 넣고 잘 섞어준다.

5 모든 재료를 볼에 담고 준비해둔 오일 양념을 붓고 섞어준다.

6 냉장고에서 하루 정도 숙성한다. TIP 냉장 숙성 후 차갑게 먹으면 더 맛있어요.

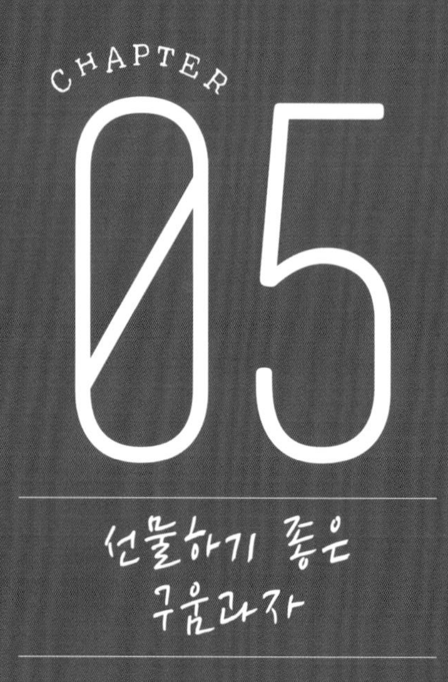

CHAPTER 05

선물하기 좋은 구움과자

고마움을 전하고 싶을 때
정성스럽게 준비한 구움과자만 한 것이 없을 거예요.
누구나 즐길 수 있는 구움과자를 함께 만들어보아요.

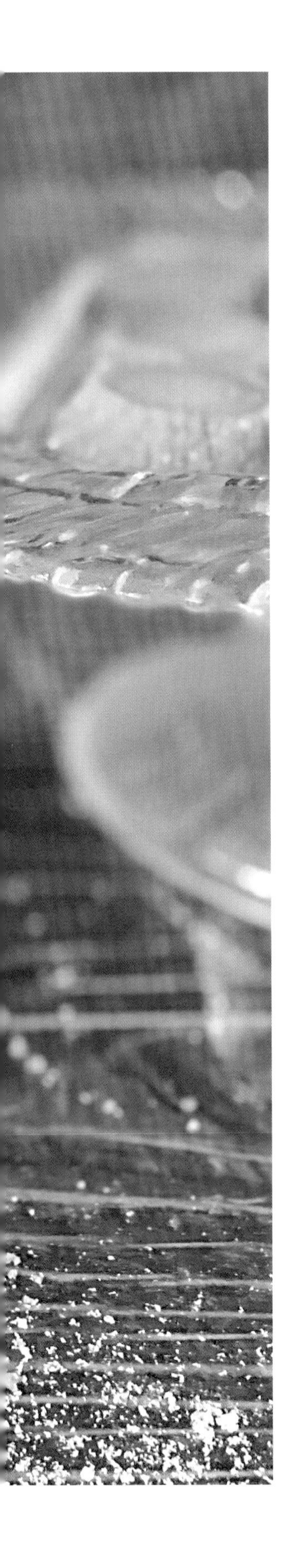

01 콩가루 사브레

입안에서 부드럽게 부서지는 사브레의 식감과 고소한 콩가루가 만나면 누구나 좋아하는 맛있는 구움과자가 됩니다.

INGREDIENTS

버터	: 110g
슈가파우더	: 50g
소금	: 2g
노른자	: 13g
강력쌀가루	: 100g
볶은 콩가루	: 25g

×데코용

설탕	: 100g
볶은 콩가루	: 10g

●○○ 레벨

160˚C 18분

➲ 콩가루 사브레

준비하기 버터 : 110g, 슈가파우더 : 50g, 소금 : 2g, 노른자 : 13g, 강력쌀가루 : 100g, 볶은콩가루 : 25g, 데코용설탕 : 100g, 볶은 콩가루 : 10g

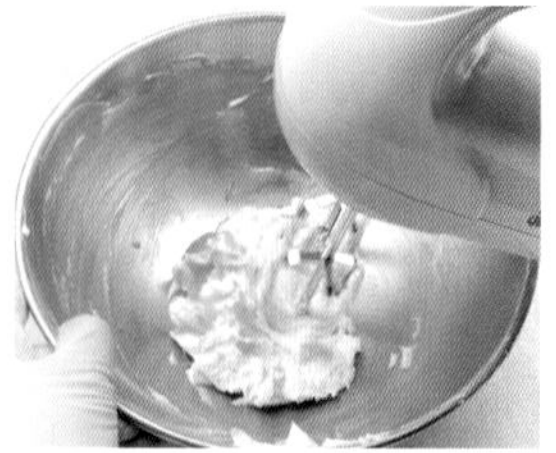

1 실온(26~27˚C)에 두어 부드러운 버터에 슈가파우더, 소금을 넣고 저속으로 잘 섞어준다.

2 노른자를 넣고 중속으로 잘 섞어준다.

3 강력쌀가루와 볶은콩가루를 체 쳐 넣고 주걱 날을 세워 섞어준다.

TIP 반죽이 너무 되직할 경우, 우유를 1g씩 넣어가며 반죽의 되기를 맞추어 주세요.

4 한 덩어리로 뭉쳐 질 때쯤, 반죽이 골고루 잘 섞이도록 주걱으로 눌러가며 균일화 작업을 해준다.

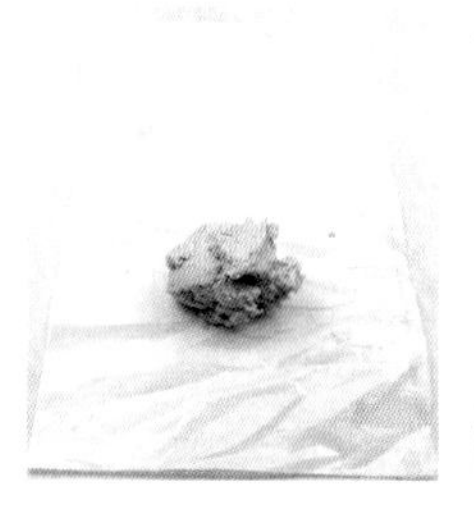

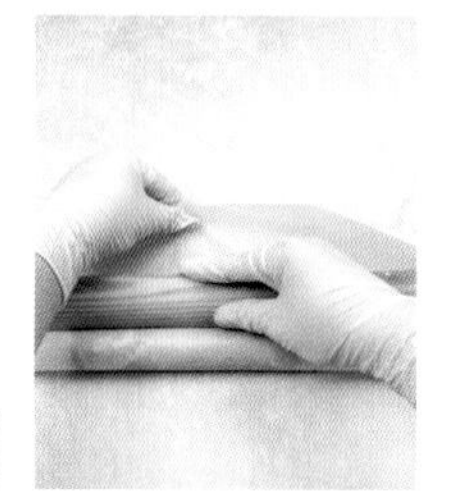
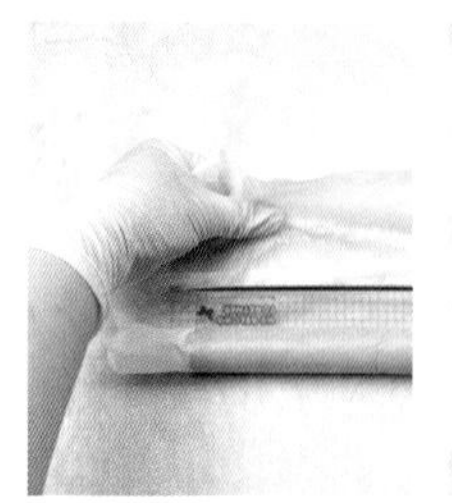
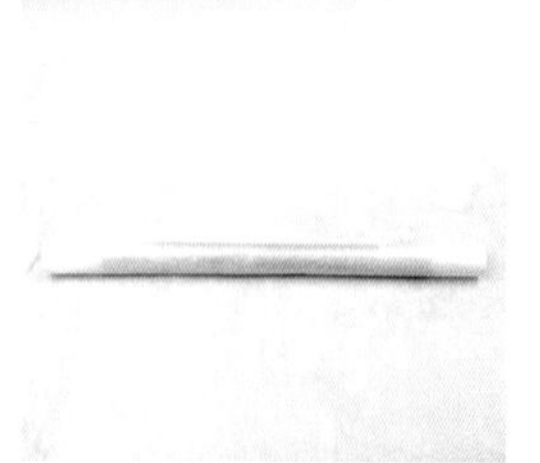

5 반죽을 2등분하여 막대 모양으로 만들어준다.

6 밀대와 유산지, 자를 이용해 반죽의 길이를 13~14cm 정도로 만들어준다.

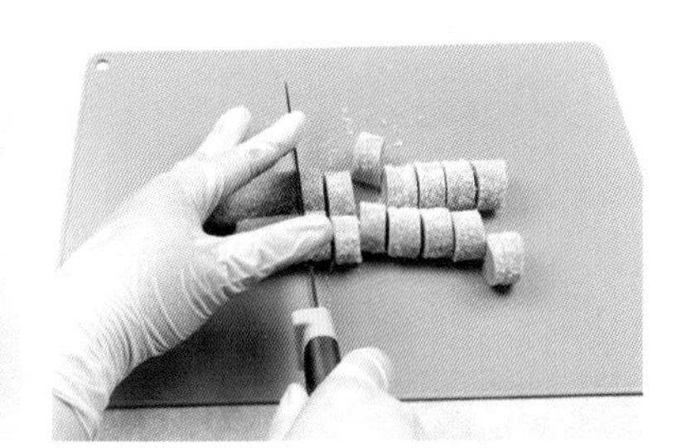

7 냉동실에 30분~1시간 정도 둔다.

8 반죽 표면에 물을 얇게 바른 후 설탕+볶은콩가루에 굴려 묻혀준다.

9 1.5cm 두께로 썰어 팬닝한다.

10 160˚C에서 18~20분간 구워준다.

02 단호박 사브레

이색적인 구움과자를 선물하고 싶을 때 단호박 사브레를 만들어 보세요. 구수한 단호박과 사브레의 식감이 정말 잘 어울려요.

INGREDIENTS

버터	: 100g
슈가파우더	: 50g
소금	: 2g
노른자	: 15g
박력쌀가루	: 100g
단호박가루	: 15g
데코용설탕	: 약간

×당절임 호박

단호박 (3~4mm)	: 50g
물	: 150g
설탕	: 70g

●○○ 레벨

160˚C 18분

단호박 사브레

준비하기 버터 : 100g, 슈가파우더 : 50g, 소금 : 2g, 노른자 : 15g, 박력쌀가루 : 100g, 단호박가루 : 15g

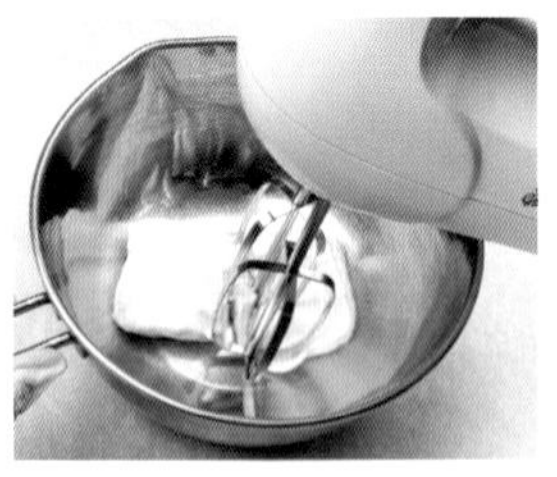

1 실온(26~27˚C)에 두어 부드러운 버터를 믹서로 잘 풀어준다.

2 슈가파우더, 소금을 넣고 저속으로 잘 섞어준 후 노른자를 넣고 중속으로 잘 섞어준다.

3 박력쌀가루와 단호박가루를 체 쳐 넣고 주걱 날을 세워 섞어준다.

4 주걱면으로 누르며 전체적으로 반죽이 잘 섞이도록 반죽 균일화 작업을 해준다.

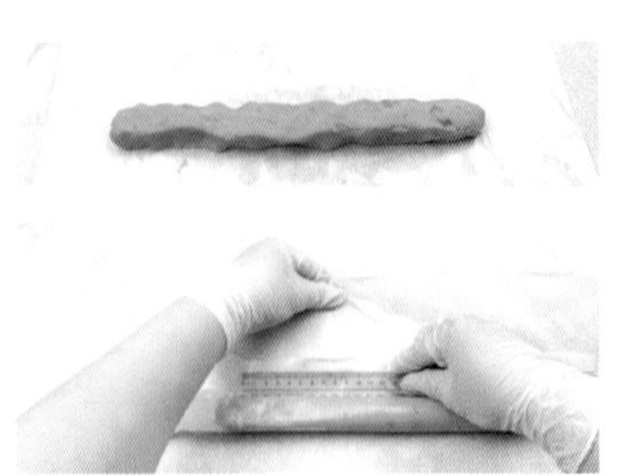

5 균일화 작업이 다 되면 체에 걸러둔 당절임 호박을 넣고 잘 섞어준다.

6 반죽을 두 덩어리로 나누고 막대모양으로 만들어준다.

7 밀대와 유산지, 자를 이용해 반죽의 길이를 13~14cm 원통형으로 다듬어준다.

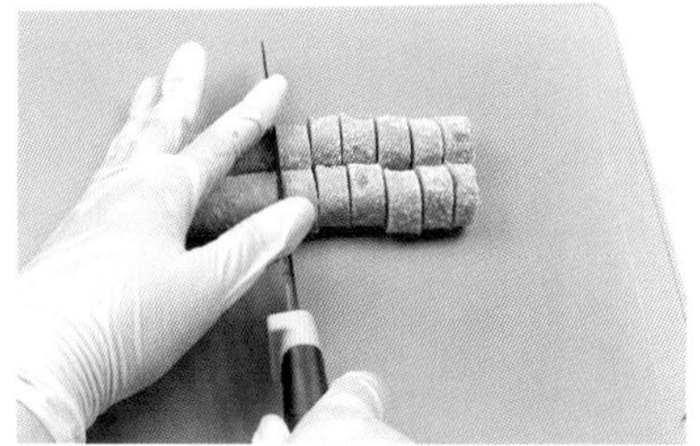

8 냉동실에 30분~1시간 정도 둔다.

9 반죽 표면에 물을 얇게 바른 후 설탕에 굴려 묻혀준다.

10 1.5cm 두께로 썰어 팬닝한다.

11 160˚C에서 18~20분간 구워준다.

당절임 호박

준비하기 단호박 (3~4mm) : 50g, 물 : 150g, 설탕 : 70g, 데코용설탕

1 냄비에 물, 설탕을 넣고 끓으면 3~4mm로 다진 단호박을 넣는다.

2 30초 후에 불을 끄고 한김 식으면 모든 재료를 통에 넣어 하루 동안 냉장 보관한다.

3 사용하기 전에 체에 거른 후 키친타월로 살짝 닦아낸다.

03 촉촉한 초코쿠키

고온에서 짧게 굽기 때문에 겉은 바삭, 속은 촉촉한 초코 쿠키입니다. 반죽을 2~3일 숙성하는 것이 포인트입니다.

INGREDIENTS

버터	: 100g
비정제 황설탕	: 80g
전란	: 50g
바닐라빈	: 3cm
소금	: 1g
강력쌀가루	: 70g
박력쌀가루	: 70g
아몬드가루	: 20g
코코아파우더	: 15g
베이킹파우더	: 4g
베이킹소다	: 1g
우유	: 30g
초코청크	: 100g
피칸분태	: 50g

●●○ 레벨

200˚C 9분

촉촉한 초코쿠키

준비하기 버터 : 100g, 비정제 황설탕 : 80g, 전란 : 50g, 바닐라빈 : 3cm, 소금 : 1g, 강력쌀가루 : 70g, 박력쌀가루 : 70g, 아몬드가루 : 20g, 코코아파우더 : 15g, 베이킹파우더 : 4g, 베이킹소다 : 1g, 우유 : 30g, 초코청크 : 100g, 피칸 분태 : 50g

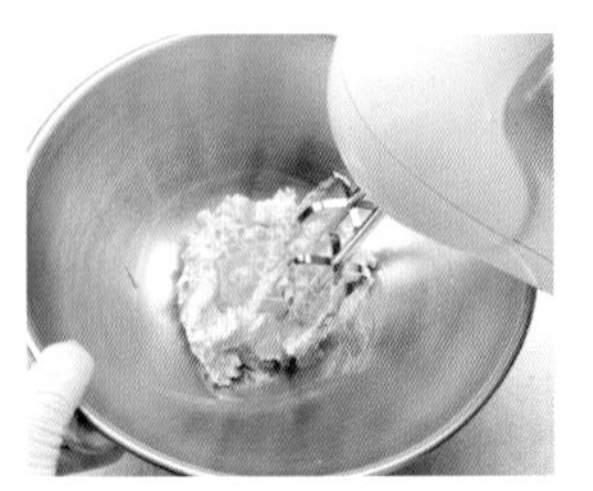

1 실온(26~27˚C)에 두어 부드러운 버터를 풀어준 후, 설탕, 소금을 넣고 저속으로 재료가 섞일 정도로만 휘핑한다.

TIP 과한 휘핑으로 설탕이 다 녹지 않도록 주의해 주세요.

2 실온의 전란에 바닐라빈을 넣고 섞어준 후, 버터에 3회에 나누어 넣고 중고속으로 휘핑한다.

3 체 친 가루류를 넣고 주걱 날을 세워 끊어가며 잘 섞어준다.

4 날가루가 반 정도 섞였을 때 데운 우유(40˚C 전후)를 넣고 섞어주다가 주걱 면으로 눌러가며 섞어준다.

5 날가루가 거의 다 섞일 때쯤, 초코청크와 피칸분태을 넣고 잘 섞어준다.

6 70g씩 분할 후 높이 1cm 정도로 살짝 눌러가며 모양을 만든다.

7 랩을 깔고 모양을 잡은 반죽을 올린 뒤 랩핑 후 냉장고에서 2~3일 숙성한다.

8 타공매트를 깐 팬에 올리고 200˚C 오븐에서 9분간 굽는다. TIP 테프론시트를 깔고 구워도 좋아요.

04 프라리네 다쿠아즈

몽실몽실 구름 같은 식감의 다쿠아즈입니다. 아몬드가루 듬뿍 넣어 만드는 다쿠아즈와 프라리네의 고소한 맛이 조화로워요. 누구나 좋아하는 맛이어서 선물용으로도 참 좋습니다.

INGREDIENTS

흰자	: 110g
설탕	: 60g
이나겔(C-300)	: 2g
아몬드가루	: 70g
슈가파우더	: 50g
박력쌀가루	: 15g
헤이즐넛 프라리네	: 35g

× 파트아봄브

노른자	: 90g
설탕	: 140g
물	: 60g
버터	: 450g

●●○ 레벨

170˚C 13분

프라리네 다쿠아즈

준비하기 흰자 : 110g, 설탕 : 60g, 이나겔(C-300) : 2g, 아몬드가루 : 70g, 슈가파우더 : 50g, 박력쌀가루 : 15g, 헤이즐넛 프라리네 : 35g

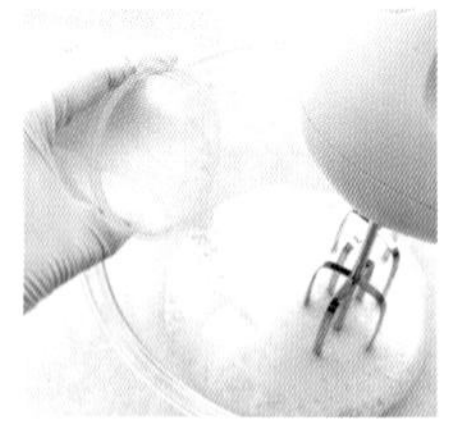
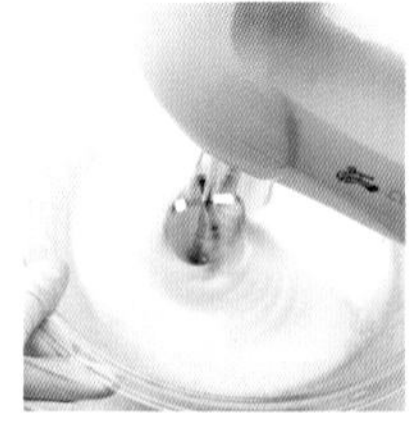
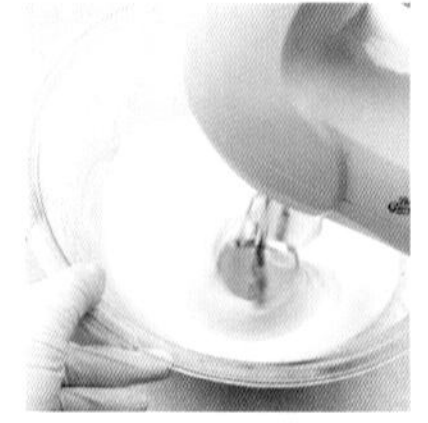
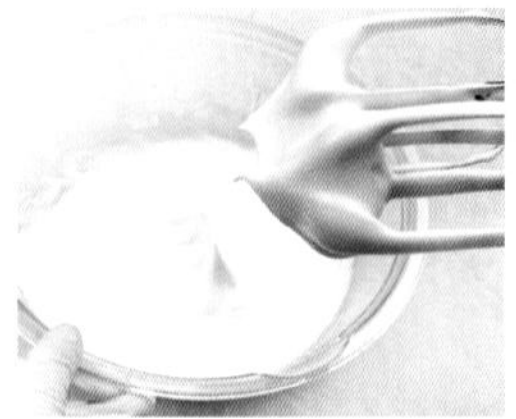

1 차가운 흰자에 설탕과 이나겔을 3번에 나누어 가며 쫀쫀하고 부드러운 뿔이 서는 머랭을 올린다.

TIP 이나겔과 설탕은 사용 직전에 잘 섞어 사용해 주세요. (이나겔은 머랭을 안정시키는 역할을 해요.)

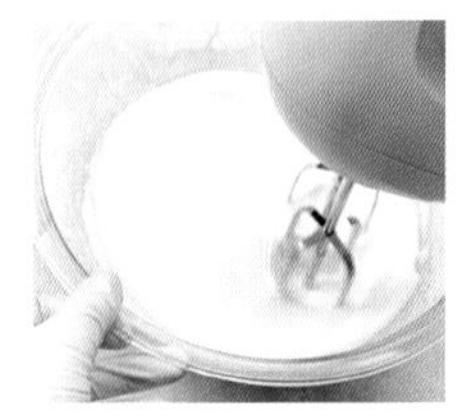

2 저속으로 20초 정도 천천히 기포를 정리해 준다.

3 체 친 가루류(아몬드가루, 슈가파우더, 박력쌀가루)를 넣고 주걱 날을 세워 재빠르게 섞는다.

TIP 주걱질을 오래하여 머랭이 묽어지는 것보다는 덜 섞더라도 차라리 날가루가 남아있는 편이 나아요.

4 다쿠아즈 틀은 분무기로 물을 골고루 뿌리고 테프론시트 위에 준비한다.

5 1cm 원형 깍지를 끼운 짤주머니에 반죽을 담는다.

6 틀 위로 살짝 여유 있게 반죽을 짠 후, 스크래퍼나 스패출러로 깎아서 정리하고 틀을 대각선으로 잡고 조심스럽게 들어준다.

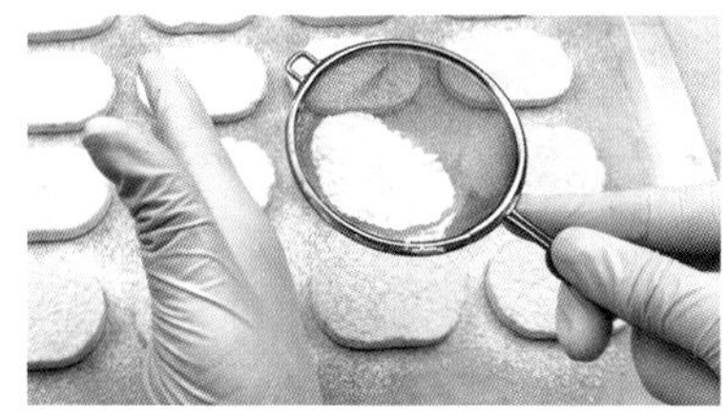
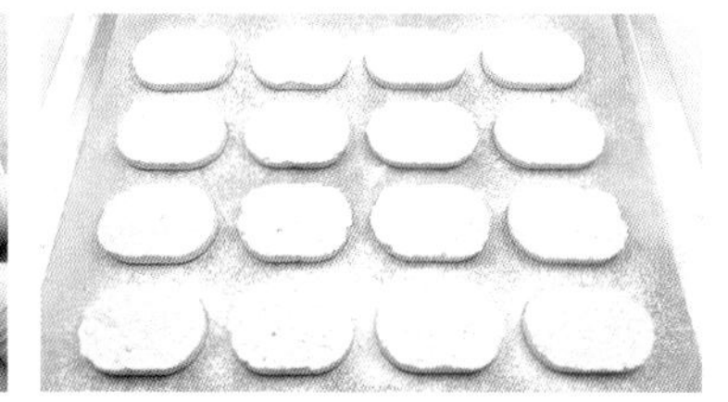

7 반죽 위에 슈가파우더를 뭉침없이 최대한 고르게 2회 뿌려준다.

8 170˚C 예열한 오븐에서 13분간 구워준다.

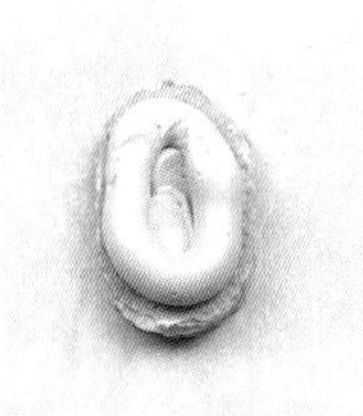
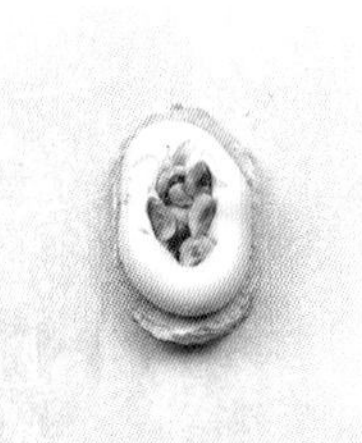
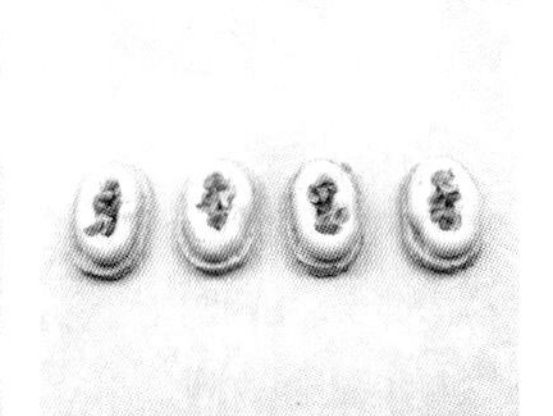

9 파트아봄브 크림에 헤이즐넛 프라리네를 넣어 잘 섞어준 후 짤주머니에 담는다.

10 가운데를 살짝 짜주고 테두리를 짠 후 가운데 다진 헤이즐넛을 얹는다.

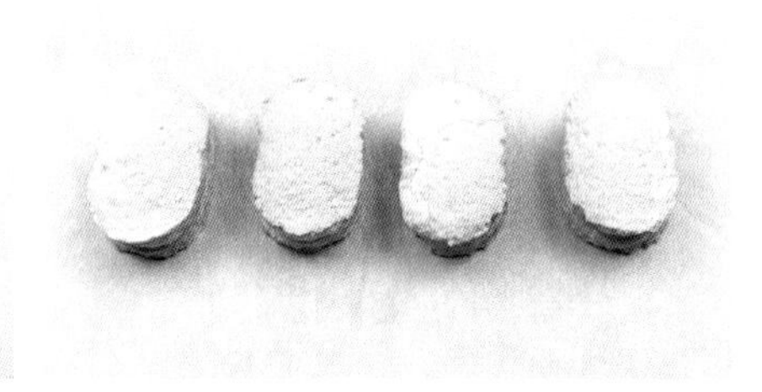

11 뚜껑 가운데에도 크림을 살짝 짜고 덮어 랩핑 후 냉장고에 잠시 굳혀둔다.

TIP 장기 보관 시는 밀봉 후 밀폐 용기에 담아 냉동 보관해주세요.(냉장 보관 : 3일, 냉동 보관 2~3주 추천)

파트아봄브 만들기

준비하기 노른자 : 90g, 설탕 : 140g, 물 : 60g, 버터 : 450g

1 냄비에 설탕과 물을 넣고 시럽을 끓인다. 가장자리가 끓어오르면 노른자를 휘핑한다.

2 냄비의 내용물이 118도까지 끓으면 불을 끄고 노른자에 천천히 부어준다.

TIP 휘핑을 멈추면 노른자가 익을 수 있으므로 휘핑을 하면서 넣어주세요.

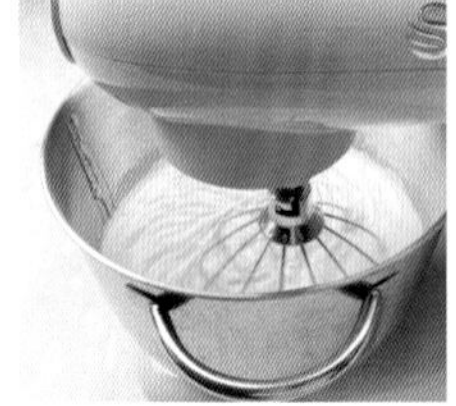
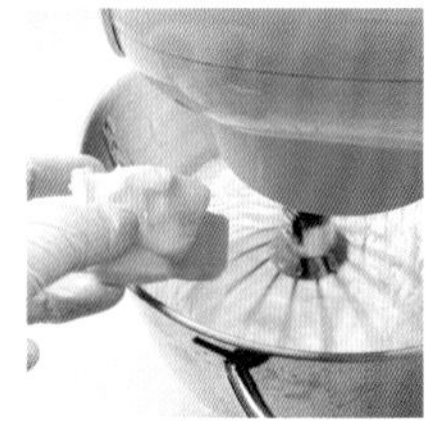

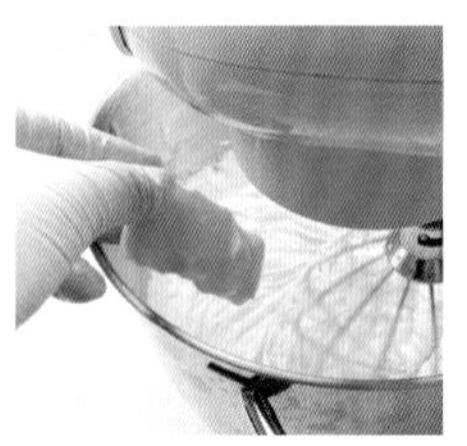

3 고속으로 휘핑하다가 온도가 미지근하게 내려가면 중속으로 휘핑한다.

4 28~29도까지 내려가고 공기 포집이 잘되어 미색이 돌며 부피감이 올라오면 5mm 두께로 슬라이스한 버터를 넣는다.

TIP 실온(26~27˚C)에 두어 살짝 말랑한 상태의 버터를 넣어주세요.

5 버터를 투입하고 섞이면 다음 버터를 투입하는 과정을 반복한다.

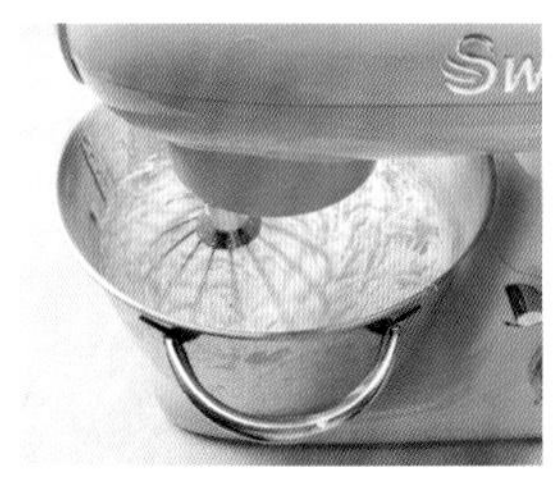

6 골고루 섞이고 공기포집이 충분히 되어 쫀쫀한 크림 상태가 되면 멈춘다.

05 베리 다쿠아즈

고소한 다쿠아즈에 베리의 상큼함을 더해 완성한 다쿠아즈예요. 산뜻한 디저트가 생각날 때 만들어 보세요.

INGREDIENTS

흰자	: 110g
설탕	: 60g
이나겔(C-300)	: 2g
아몬드가루	: 70g
슈가파우더	: 50g
박력쌀가루	: 15g

× 베리잼

냉동 딸기(작은 알)	: 200g
냉동 라즈베리	: 80g
냉동 블루베리	: 80g
설탕 A	: 130g
설탕 B	: 130g
펙틴	: 5g
레몬제스트	: 3g
오렌지제스트	: 3g
레몬즙	: 10g
쿠앵트로(오렌지리큐어)	: 15g

× 파트아봄브

노른자	: 90g
설탕	: 140g
물	: 60g
버터	: 450g

●●●
레벨

170˚C 13분

베리 다쿠아즈

준비하기 흰자 : 110g, 설탕 : 60g, 이나겔(C-300) : 2g, 아몬드가루 : 70g, 슈가파우더 : 50g, 박력쌀가루 : 15g

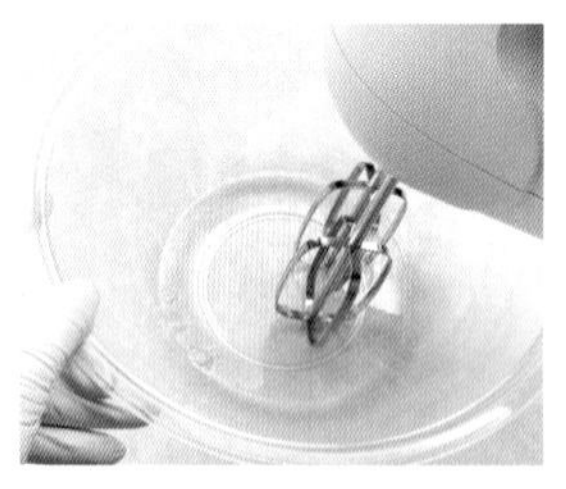
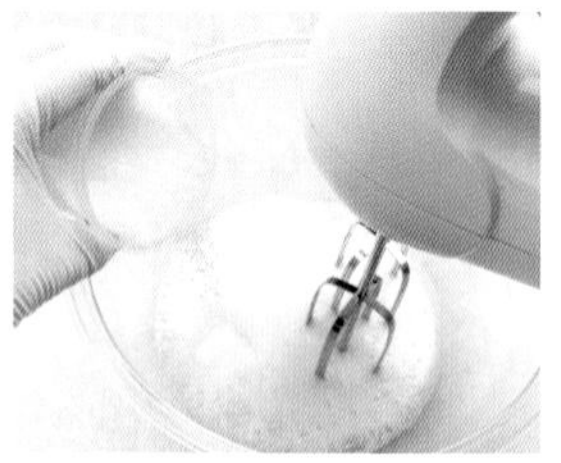

1 차가운 흰자에 설탕과 이나겔을 3번에 나누어 가며 쫀쫀하고 부드러운 뿔이 서는 머랭을 올린다.

TIP 이나겔과 설탕은 사용 직전에 잘 섞어 사용해 주세요. (이나겔은 머랭을 안정시키는 역할을 해요.)

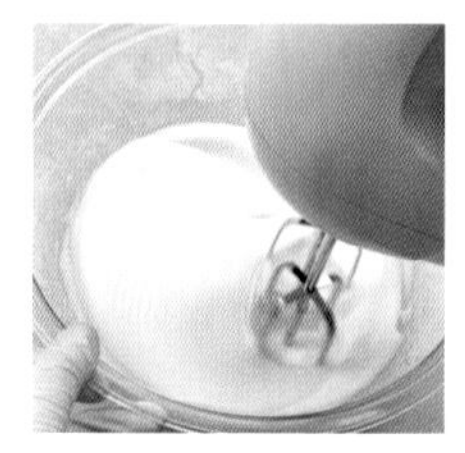

2 저속으로 20초 정도 천천히 기포를 정리해 준다.

3 체 친 가루류(아몬드가루, 슈가파우더, 박력쌀가루)를 넣고 주걱 날을 세워 재빠르게 섞는다.

TIP 주걱질을 오래하여 머랭이 묽어지는 것보다는 덜 섞더라도 차라리 날가루가 남아있는 편이 나아요.

4 다쿠아즈 틀은 분무기로 물을 골고루 뿌리고 테프론시트 위에 준비한다.

5 1cm 원형 깍지를 끼운 짤주머니에 반죽을 담는다.

6 틀 위로 살짝 여유 있게 반죽을 짠 후, 스크래퍼나 스패출러로 깎아서 정리하고 틀을 대각선으로 잡고 조심스럽게 들어준다.

7 반죽 위에 슈가파우더를 뭉침없이 최대한 고르게 2회 뿌려준다.

8 170˚C 예열한 오븐에서 12분간 구워준다.

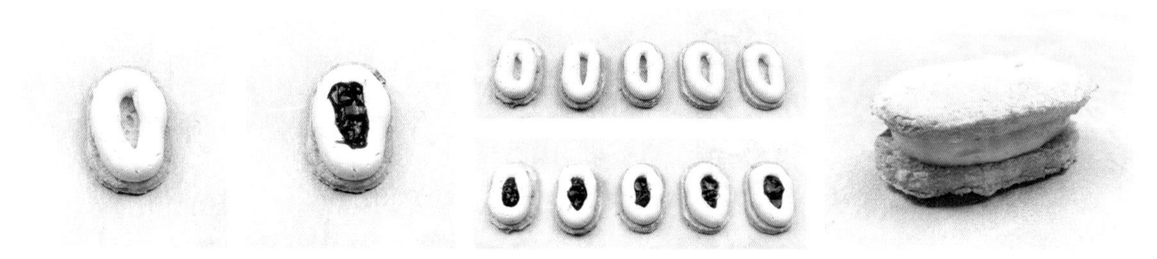

9 파트아봄브 크림을 짤주머니에 담고 가운데를 제외하고 테두리를 동그랗게 짜준다.

10 가운데 잼을 얹고 뚜껑을 덮은 후 밀폐 용기에 넣어 냉장고에 잠시 굳혀둔다.

TIP 장기 보관 시는 밀봉 후 밀폐 용기에 담아 냉동 보관해주세요.(냉장 보관 : 3일, 냉동 보관 2~3주 추천)

파트아봄브 만들기

204쪽을 참고해 주세요.

➲ 베리잼 만들기

준비하기 냉동 딸기 : 200g, 냉동 라즈베리 : 80g, 냉동 블루베리 : 80g, 설탕 A : 130g, (설탕 B : 130g+펙틴 : 5g), 레몬제스트 : 3g, 오렌지제스트 : 3g, 레몬즙 : 10g, 쿠앵트로(오렌지리큐어) : 15g

1 냉동과일에 설탕A를 넣고 잘 버무린 다음 즙이 잘 나오도록 3~4시간 실온(26~27˚C)에 둔다.

2 체에 걸러 과육과 과즙을 분리한다.

3 과즙에 과육1/2, 설탕 B와 펙틴을 넣고 섞어준 다음 가열한다. TIP 설탕 B+펙틴은 사용직전 잘 섞어주세요.

4 끓기 시작하면 중불로 줄이고 거품을 걷어가며 졸여준다.

5 1/3 이상 졸아들고 주걱으로 바닥을 긁었을 때 바닥면이 2~3초 정도 보였다가 없어질 때까지 졸인다.

6 나머지 과육을 넣고 조금 걸쭉해질 때까지 살짝만 더 졸여준다.

7 주걱으로 긁었을 때 바닥면이 2~3초 정도 보였다가 없어지면 불을 끄고 레몬즙을 넣고 섞어준다.

8 레몬제스트와 오렌지제스트, 쿠앵트로(오렌지리큐어)를 넣고 섞어준다.

06 말차 쑥 다쿠아즈

말차와 쑥의 풍미는 다른 듯 비슷함을 가지고 있어요. 그래서 더 조화롭게 느껴지는 듯해요. 말차와 쑥 마니아를 위한 색다른 디저트입니다.

INGREDIENTS

흰자	: 110g
설탕	: 60g
이나겔(C-300)	: 2g
아몬드가루	: 70g
슈가파우더	: 50g
강력쌀가루	: 15g
말차가루	: 6g
쑥가루	: 8g
팥앙금	: 100g

× 파트아봄브

노른자	: 90g
설탕	: 140g
물	: 60g
버터	: 450g

●●○ 레벨

170˚C 13분

➲ 말차 쑥 다쿠아즈

준비하기 흰자 : 110g, 설탕 : 60g, 이나겔(C-300) : 2g, 아몬드가루 : 70g, 슈가파우더 : 50g, 강력쌀가루 : 15g, 말차가루 : 6g, 쑥가루 : 8g, 팥앙금 : 100g

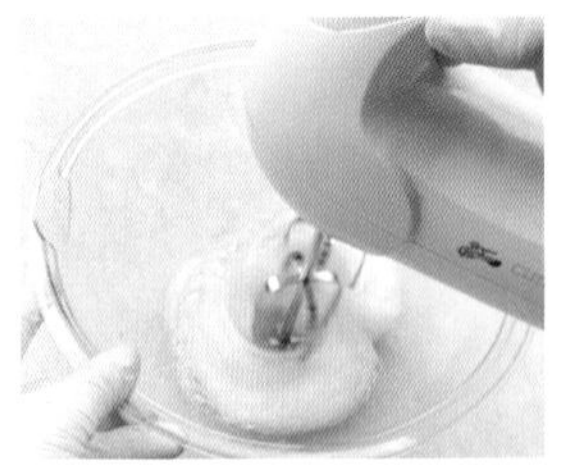

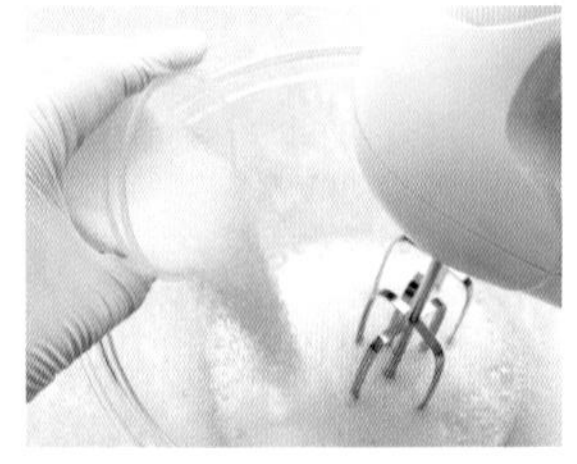

1 차가운 흰자에 설탕과 이나겔을 3번에 나누어 가며 쫀쫀하고 부드러운 뿔이 서는 머랭을 올린다.

TIP 이나겔과 설탕은 사용 직전에 잘 섞어 사용해 주세요. (이나겔은 머랭을 안정시키는 역할을 해요.)

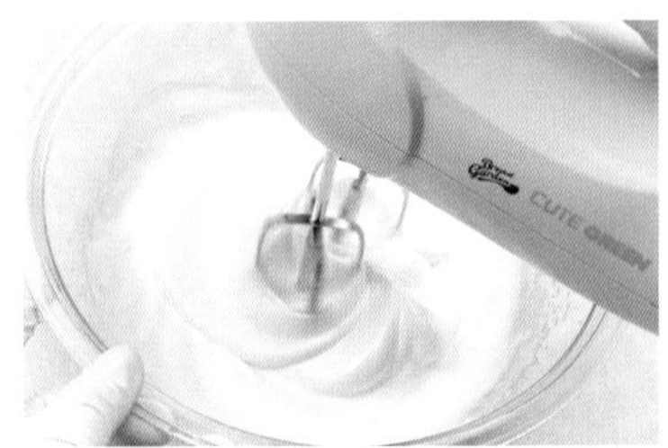

2 저속으로 20초 천천히 기포를 정리해 준다.

3 체 친 가루류(아몬드가루, 슈가파우더, 박력쌀가루, 말차가루)를 넣고 주걱 날을 세워 재빠르게 섞는다.

TIP 주걱질을 오래하여 머랭이 묽어지는 것보다는 덜 섞더라도 차라리 날가루가 남아있는 편이 나아요.

4 다쿠아즈 틀은 분무기로 물을 골고루 뿌리고 테프론시트 위에 준비한다.

5 1cm 원형 깍지를 끼운 짤주머니에 반죽을 담는다.

6 틀 위로 살짝 여유 있게 반죽을 짠 후, 스크래퍼나 스패출러로 깎아서 정리하고 틀을 대각선으로 잡고 조심스럽게 들어준다.

7 반죽 위에 슈가파우더를 뭉침없이 최대한 고르게 2회 뿌려준다.

8 170˚C 예열한 오븐에서 13분간 구워준다.

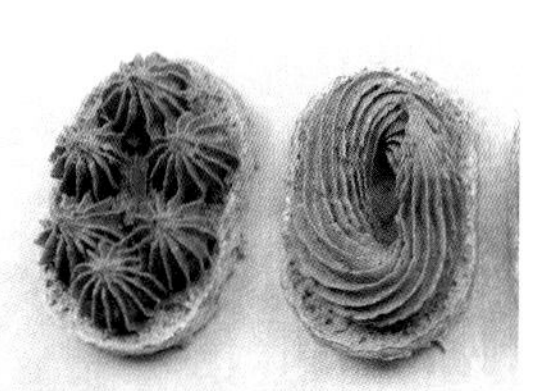
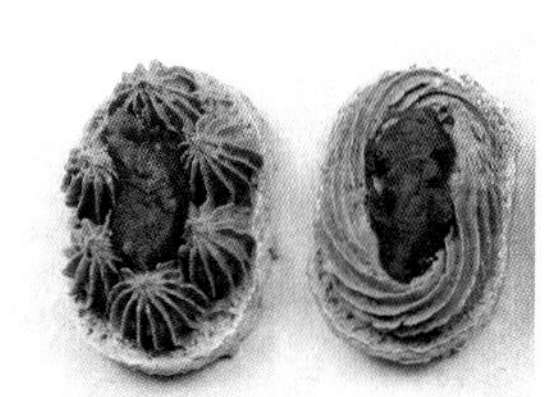

9 파트아봄브 크림에 쑥가루를 섞고 짤주머니에 담아 가운데를 제외하고 테두리를 동그랗게 짜준다.

10 가운데 팥앙금을 얹고 뚜껑을 덮어 랩핑 후 냉장고에 잠시 굳혀둔다.

TIP 장기 보관 시는 밀봉 후 밀폐 용기에 담아 냉동 보관해주세요. (냉장 보관 : 3일, 냉동 보관 2~3주 추천)

파트아봄브 만들기

204쪽을 참고해 주세요.

07 피스타치오 캐러멜 다쿠아즈

피스타치오와 솔티 캐러멜이 잘 어우러진 '단짠'디저트 피스타치오 캐러멜 다쿠아즈입니다. 한입 베어 물면 그 맛에 반할 거예요.

INGREDIENTS

흰자	: 110g
설탕	: 60g
이나겔(C-300)	: 2g
아몬드가루	: 65g
슈가파우더	: 50g
강력쌀가루	: 15g
피스타치오가루	: 8g
피스타치오 페이스트	: 40g

× 파트아봄브

노른자	: 90g
설탕	: 140g
물	: 60g
버터	: 450g

× 캐러멜

설탕	: 100g
생크림	: 120g
물	: 5g
소금	: 1g

●●○
레벨

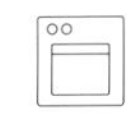
170˚C 13분

피스타치오 캐러멜 다쿠아즈

준비하기 흰자 : 110g, 설탕 : 60g, 이나겔(C-300) : 2g, 아몬드가루 : 65g, 슈가파우더 : 50g, 강력쌀가루 : 15g, 피스타치오가루 : 8g, 피스타치오 페이스트 : 40g

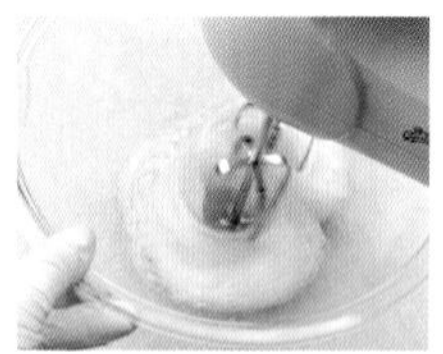
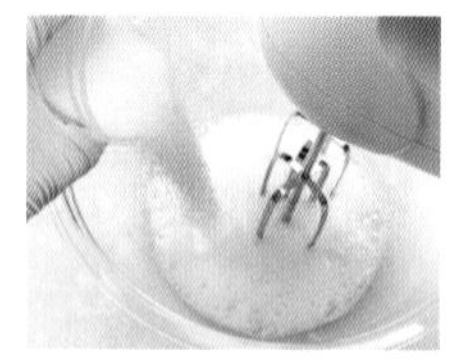
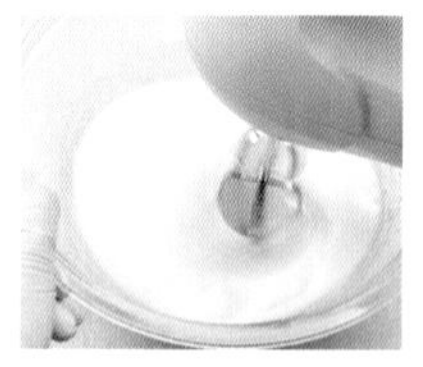
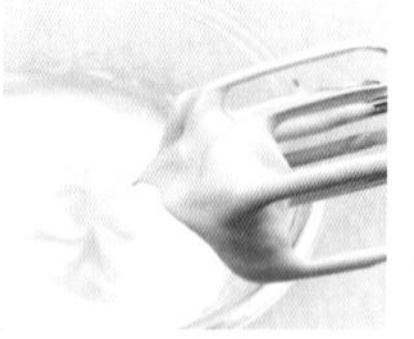
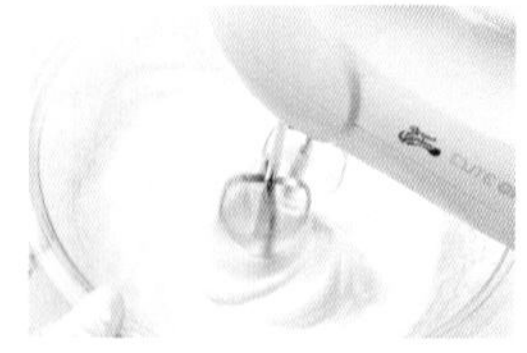

1 차가운 흰자에 설탕과 이나겔을 3번에 나누어 가며 쫀쫀하고 부드러운 뿔이 서는 머랭을 올린다.

TIP 이나겔과 설탕은 사용 직전에 잘 섞어 사용해 주세요. (이나겔은 머랭을 안정시키는 역할을 해요.)

2 저속으로 20~30초 천천히 기포를 정리해 준다.

3 체 친 가루류(아몬드가루, 슈가파우더, 박력쌀가루)를 넣고 주걱 날을 세워 재빠르게 섞는다.

TIP 피스타치오가루의 입자가 굵어서 체에 내리기 힘들 경우 푸드 프로세서에 3초씩 2~3회 갈아서 넣어주면 좋아요. (굵은체가 없을 경우 피스타치오가루는 체에 내리지 않고 넣어주어도 됩니다.) 주걱질을 오래하여 머랭이 묽어지는 것보다는 차라리 날가루가 남아있는 편이 나아요.

4 다쿠아즈 틀은 분무기로 물을 골고루 뿌리고 테프론시트 위에 준비한다.

5 1cm 원형 깍지를 끼운 짤주머니에 반죽을 담는다.

6 틀 위로 살짝 여유 있게 반죽을 짠 후, 스크래퍼나 스패출러로 깎아서 정리하고 틀을 대각선으로 잡고 조심스럽게 들어준다.

7 반죽 위에 슈가파우더를 뭉침없이 최대한 고르게 2회 뿌려준다.

8 170˚C 예열한 오븐에서 13분간 구워준다.

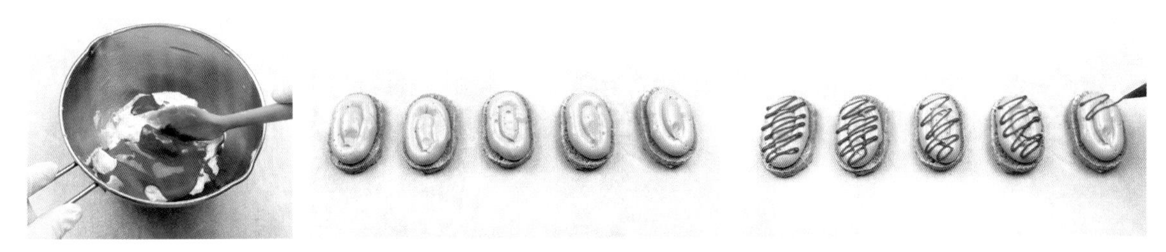

8 파트아봄브 크림에 피스타치오 페이스트를 섞고 짤주머니에 담아 필링을 채운다.

9 가운데 캐러멜소스를 뿌리고 뚜껑을 덮어 랩핑 후 냉장고에 잠시 굳혀둔다.

TIP 장기 보관 시는 밀봉 후 밀폐 용기에 담아 냉동 보관해주세요.(냉장 보관 : 3일, 냉동 보관 2~3주 추천)

파트아봄브 만들기

204쪽을 참고해 주세요.

캐러멜 만들기

준비하기 생크림 : 120g, 설탕 : 100g, 물 : 5g, 소금 : 1g

1 냄비에 물과 설탕을 넣고 약불에서 가열한다.

2 전체적으로 설탕이 다 녹아들고 갈색빛이 돌면 불을 끈다.

TIP 설탕이 완전히 녹기 전에 저어 주면 결정이 생길 수 있으므로 다 녹기 전에는 젓지 않도록 해주세요.

3 뜨겁게 데운 생크림을 3~4회 나누어 넣는다. TIP 끓어 넘치므로 깊은 냄비를 사용해 주세요.

4 약불에서 조금 더 가열하고 원하는 색이 되면 불을 끄고 소금을 넣은 후 섞어준다.

TIP 너무 오래 태우면 색도 진해지고 씁쓸한 맛이 강해지므로 주의해 주세요.
(**진한 갈색** : 씁쓸한 맛이 많이 느껴지며 깊은 맛, **연한 갈색** : 씁쓸한 맛이 적으며 부드러운 맛)

08 쑥 피칸 스노우볼

입안에 부드럽게 와닿는 감촉과 동글동글 귀여운 모양의 쑥 피칸 스노우볼은 씹는 순간 향긋한 쑥 향과 고소하게 씹히는 피칸의 맛이 잘 어우러진 디저트입니다. 한겨울의 새하얀 눈 뭉치 같아서 크리스마스 선물용 디저트로도 좋아요.

INGREDIENTS

버터	: 100g
슈가파우더	: 35g
노른자	: 10g
소금	: 1g
강력쌀가루	: 100g
아몬드가루	: 30g
쑥가루	: 5g
볶은 콩가루	: 1g
피칸분태	: 50g

●○○
레벨

160˚C 17분

쑥피칸 스노우볼

준비하기 버터 : 100g, 슈가파우더 : 35g, 노른자 : 10g, 소금 : 1g, 강력쌀가루 : 100g, 아몬드가루 : 30g, 쑥가루 : 5g, 볶은 콩가루 : 1g, 피칸분태 : 50g

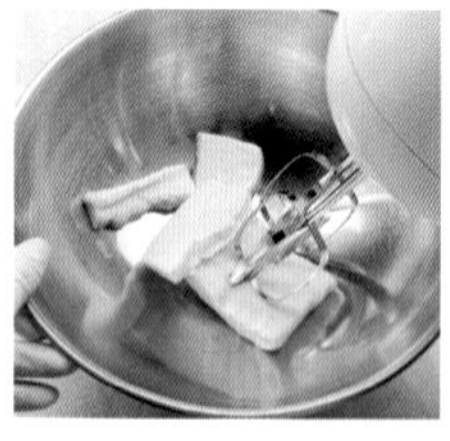
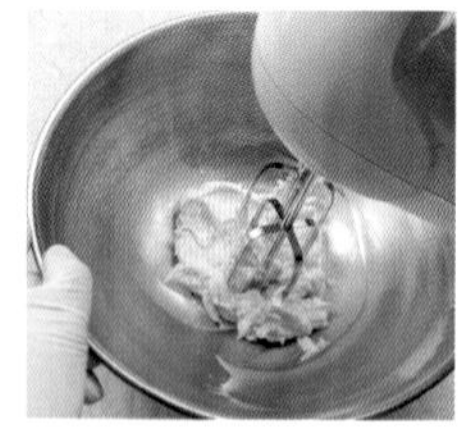

1 실온(26~27˚C)에 두어 말랑해진 버터를 부드럽게 풀어준다.

2 슈가파우더와 소금을 넣고 저속으로 휘핑하다 골고루 섞이면 쑥가루를 넣고 저속 휘핑한다.

TIP 쑥 가루는 체에 잘 쳐지지 않기 때문에 반죽에 넣어 휘핑해 주세요.

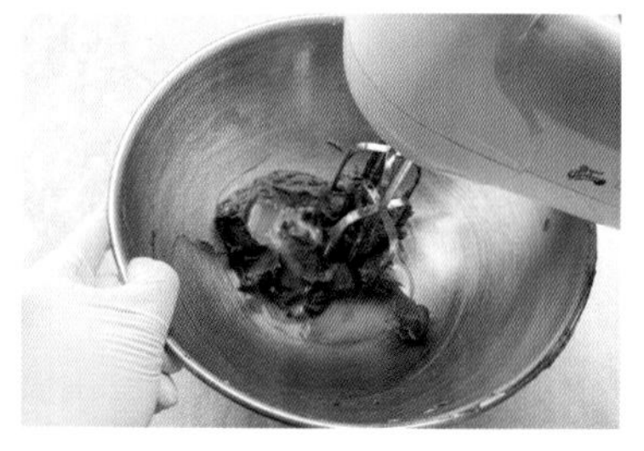

3 노른자를 넣고 저속으로 휘핑한다.

4 쌀가루, 아몬드가루, 콩가루를 체 쳐 넣고 주걱 날을 세워 잘 섞어준다.

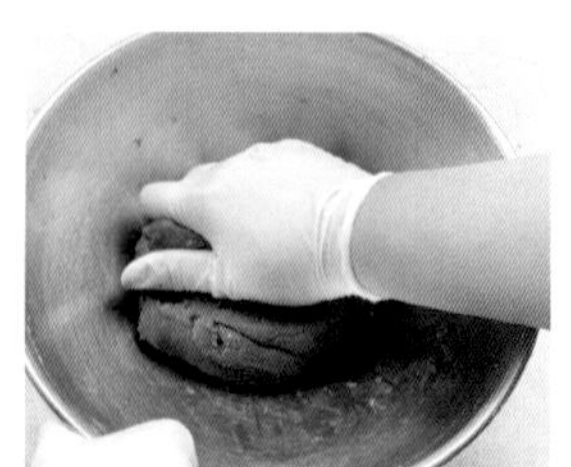

5 가루가 반쯤 섞였을 때 피칸 분태를 넣고 마저 섞어준다.

6 날가루 없이 잘 섞이면 손으로 눌러가며 한 덩어리로 뭉쳐준다.

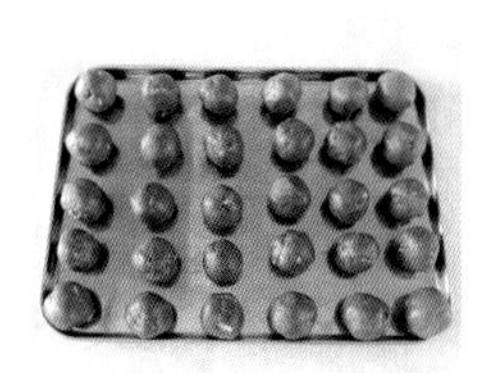

7 11g씩 분할하여 둥글리기 하고 냉동실에서 1시간 정도 휴지한다.

8 160˚C에서 17~18분간 구워준다.

9 한 김 식힌 후에 슈가파우더에 굴려 가루를 묻혀준다.

TIP 바로 먹을 때는 슈가파우더에 묻히고, 반나절 이후의 보관이나 선물용은 슈가파우더, 데코스노우의 비율을 1:1로 하고 휘퍼로 잘 섞어준 후 스노우볼을 넣고 굴려주세요.

09 갈레트브루통

버터의 진한 풍미를 느끼고 싶을 때 갈레트브루통 어떨까요? 겉은 바삭하지만 속은 촉촉한 식감을 가지고 있어요. 입안 가득 퍼지는 버터의 풍미를 제대로 느낄 수 있습니다.

INGREDIENTS

무스링 6cmX3cm, 9~10개 분량

버터	: 150g
슈가파우더	: 80g
소금	: 2g
노른자	: 30g
고르곤졸라 피칸테	: 30g
생크림	: 10g
럼	: 10g
강력쌀가루	: 150g
아몬드가루	: 20g
베이킹파우더	: 2g
탈지분유	: 10g

× 계란물

전란	: 50g
설탕	: 3g
캐러멜소스	: 10g

●●○
레벨

150˚C 40분

미리 준비할 것

1 고르곤졸라 피칸테는 따듯한 물에 중탕하여 부드러워지면 생크림과 럼을 섞어둔다.

2 계란물 재료는 모두 넣고 휘퍼로 잘 섞은 후 체에 내려 준비해둔다.

갈레트브루통

준비하기 버터 : 150g, 슈가파우더 : 80g, 소금 : 2g, 노른자 : 30g, 고르곤졸라 피칸테 : 30g, 생크림 : 10g, 럼 : 10g, 강력쌀가루 : 150g, 아몬드가루 : 20g, 베이킹파우더 : 2g, 탈지분유 : 10g

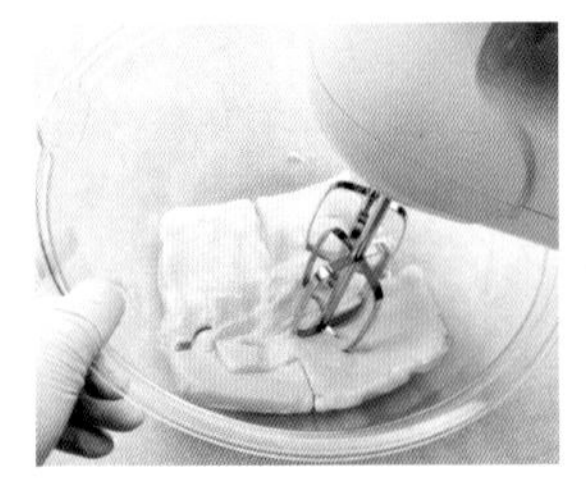

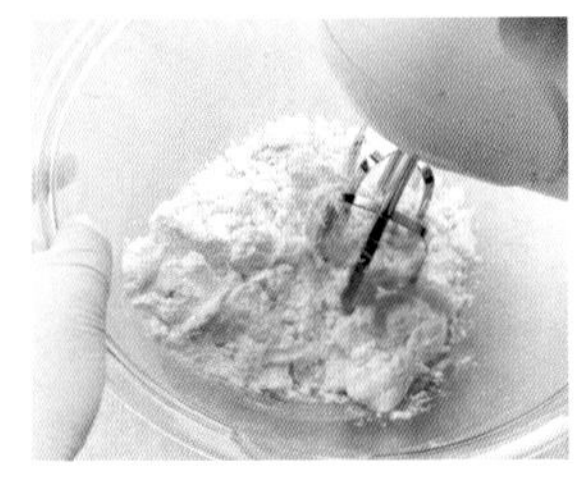

1 실온에 두어 말랑해진 버터를 부드럽게 풀어주고, 슈가파우더, 소금을 넣고 주걱으로 대충 섞다가 중속으로 휘핑한다.

2 노른자를 넣고 중속으로 휘핑한다.

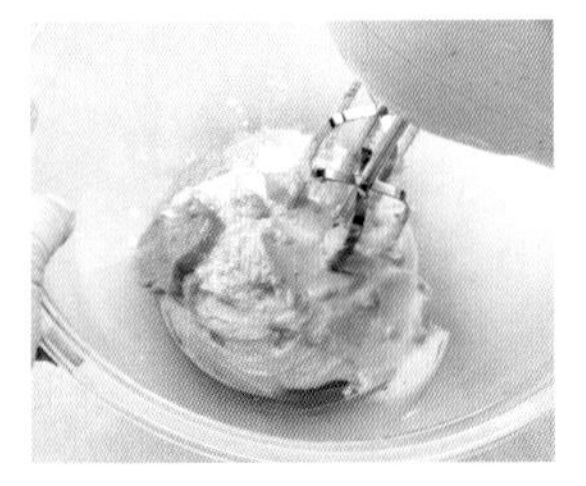

3 준비해 둔 고르곤졸라 피칸테와 생크림, 럼을 넣고 중속으로 휘핑한다.

TIP 고르곤졸라 (Gorgonzola)는 이탈리아를 대표하는 블루치즈로 매콤하게 톡 쏘는 맛과 향, 짠맛이 강한 치즈입니다. 흰색 치즈에 푸른 곰팡이가 뻗어있는 모양입니다. 숙성 기간이 2~3개월이면 고르곤졸라 돌체(dolce), 3~6개월은 고르곤졸라 피칸테(Piccante)라고 합니다.

4 가루류를 체 쳐 넣고 주걱 날을 세워 섞어준다.

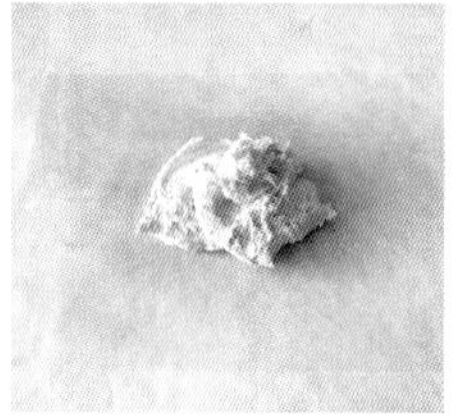

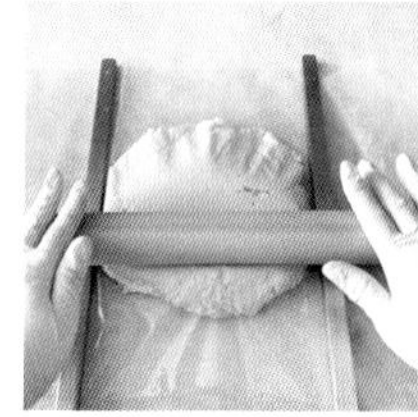

5 날가루가 보이지 않으면 볼 안에서 주걱으로 반죽을 눌러주며 균일화 작업을 해준다.

6 1.3cm 두께로 밀어준 후 랩핑하고 쟁반에 받쳐 냉장에서 하루 휴지한다.

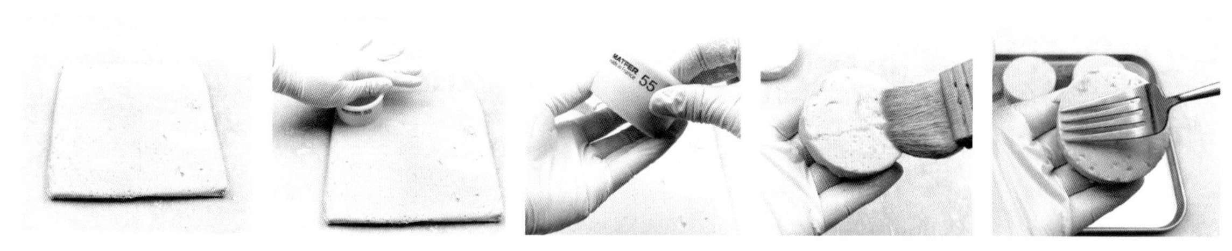

7 구워낼 틀보다 지름 5mm 작은 틀로 찍고 계란물(전란, 설탕, 캐러멜소스)을 바르고 포크로 무늬를 낸다.

8 버터칠 한 틀 안에 설탕을 뿌리고 반죽을 넣어준다.

TIP 실온에 오래두면 반죽이 녹아 작업성이 떨어지므로 냉장고에서 꺼낸 후 팬닝까지 신속하게 작업해 주세요.

9 150˚C에서 40분간 굽는다.

10 새우 명란 스콘

조금 색다른 디저트를 선물하고 싶을 때 꼭 만들어보세요. 새우와 명란의 감칠맛이 그대로 녹아있는 새우 명란 스콘입니다. 분명 센스있는 디저트 선물이 될 거예요.

INGREDIENTS

6개 분량

버터	: 80g
전란	: 50g
생크림	: 80g
플레인요거트(무가당)	: 15g
강력쌀가루	: 220g
새우 분말	: 6g
설탕	: 35g
소금	: 1g
베이킹파우더	: 8g
할라페뇨	: 25g
명란소스	: 30g
이탈리안 허브 믹스	: 0.5g

× 명란소스

명란젓	: 50g
마요네즈	: 20g
후추	: 1꼬집

●●○ 레벨

170˚C 25분

미리 준비할 것

모든 재료는 계량하여 **12시간 냉장 보관 후 사용**해 주세요.

1 강력쌀가루, 새우분말, 설탕, 소금, 베이킹파우더, 허브 믹스는 차갑게 준비한다.
2 전란, 생크림, 버터(1cm 큐브로 깍둑썰기)는 냉장고에 차갑게 준비한다.
3 할라페뇨는 다져서 키친타월에 물기를 빼둔다.
4 명란소스 만들기 (명란젓 껍질을 분리한 후, 마요네즈와 후추를 넣고 섞어둔다.)

새우명란스콘

준비하기 버터 : 80g, 전란 : 50g, 생크림 : 80g, 플레인요거트(무가당) : 15g, 강력쌀가루 : 220g, 새우 분말 : 6g, 설탕 : 35g, 소금 : 1g, 베이킹파우더 : 8g, 할라페뇨 : 25g, 명란소스 : 30g, 이탈리안 허브 믹스 : 0.5g

1 푸드프로세서에 가루류(강력쌀가루, 새우분말, 설탕, 소금, 베이킹파우더)를 넣고 3초간 섞어준다.
2 깍둑썰기한 버터를 넣고 버터가 쌀알 크기가 될 때까지 5초씩 끊어가며 돌려준다.

3 모든 액체류(전란, 생크림, 플레인요거트)와 다진 할라페뇨를 넣고 3초씩 끊어가며 돌려준다.
4 날가루 없이 한 덩어리로 뭉쳐질 때 까지 끊어가며 돌려준다.

TIP 날가루가 잘 뭉쳐지지 않는다면 생크림을 1~2g씩 넣어가며 반죽이 한 덩어리가 되게 해주세요.

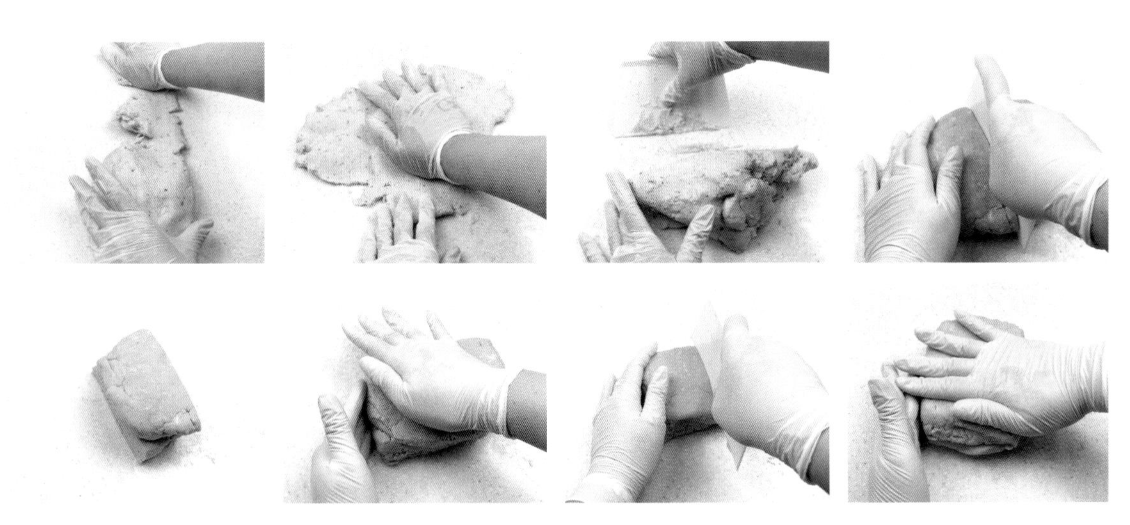

5 작업대로 옮겨 전체적으로 골고루 치대주며 균일화 작업을 해준다.
6 반죽의 중간을 스크래퍼로 자른 후 반죽끼리 겹치고 다시 손으로 눌러준다.
7 이 과정을 3~4회 반복한다.
8 반죽을 높이 4cm 높이로 만들고 원하는 모양(사각, 원형 등)으로 만들어준다.
9 랩핑 후 냉장에서 2~3시간 휴지한다.

10 칼로 반죽을 자르고 우유를 얇게 칠한 후 짤주머니에 넣은 명란 소스를 짜준다.
11 170˚C 오븐에서 25분간 구워준다.

11 밀크티 스콘

은은하면서도 향긋한 밀크티의 맛을 충분히 활용한 디저트입니다. 가볍게 만들어 진하게 즐기는 밀크티 스콘을 함께 만들어 보아요.

INGREDIENTS

6개 분량

버터	: 80g
전란	: 45g
홍차생크림	: 100g
강력쌀가루	: 200g
비정제 황설탕	: 50g
베이킹파우더	: 8g
소금	: 2g
홍차파우더	: 0.5g

× 홍차생크림

생크림	: 130g
아쌈CTC	: 5g

●●○
레벨

170˚C 20분

➔ 밀크티스콘

준비하기 버터 : 80g, 전란 : 45g, 홍차생크림 : 100g, 강력쌀가루 : 200g, 비정제 황설탕 : 50g, 베이킹파우더 : 8g, 소금 : 2g, 홍차 파우더 : 0.5g

1 모든 재료는 계량 후 12시간 이상 냉장 보관 후 사용한다.
2 푸드프로세서에 차갑게 준비한 가루재료를 넣고 3초간 섞어준다.
3 깍뚝썰기한 버터를 넣고 버터가 쌀알 크기가 될 때까지 5초씩 끊어가며 돌려준다.
4 모든 액체류를 넣고 끊어가며 돌려준다.

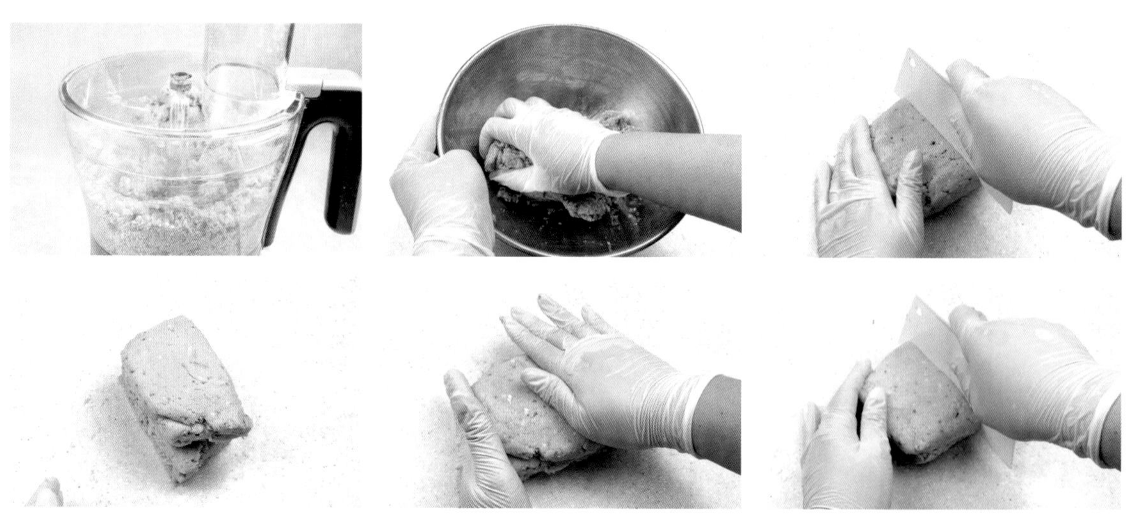

5 날가루가 보이지 않을 때 쯤 볼로 옮겨 손으로 모아가며 날가루가 없게 한 덩어리로 뭉쳐준다.
6 작업대로 옮겨 반죽의 중간을 스크래퍼로 자른 후 반죽끼리 겹치고 다시 손으로 눌러준다.
7 이 과정을 4~5회 반복한다.

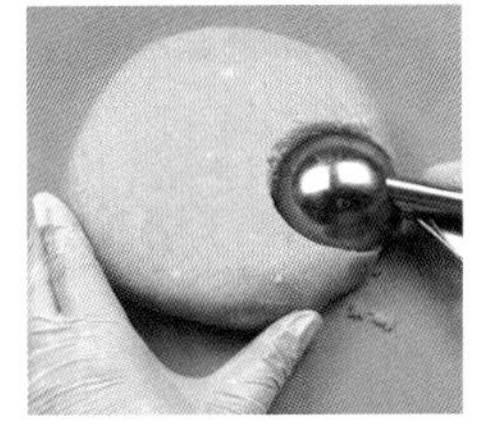

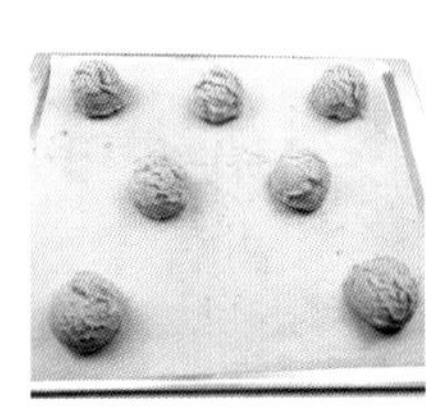

8 반죽을 4cm 높이로 만들고 랩핑한 후에 냉장에서 2~3시간 휴지한다.

9 실온(26~27˚C)에 잠깐 두었다가 스쿱으로 떠서 테프론 시트를 깐 팬에 옮긴다.

TIP 식감과 모양에 재미를 주고 싶다면 스쿱으로 뜬 반죽 표면에 설탕을 묻혀 구워내도 좋아요.

10 170˚C에서 20~22분간 굽는다.

홍차생크림

준비하기 생크림 : 130g, 아쌈CTC : 5g

1 냄비에 생크림과 아쌈CTC를 넣고 생크림이 끓어오르면 불을 끄고 냉장고에 차갑게 보관한다.

TIP 아쌈은 깊고 풍부한 맛과 향으로 밀크티에 잘 어울리는 품종입니다. 밀크티를 만들때는 잘 우러나는 CTC 등급을 사용하면 좋아요.

2 반죽에 넣을 때는 체에 걸러 찻잎을 걸러내고 100g만 사용한다. 100g이 되지 않는다면 부족한 양만큼 생크림으로 보충한다.

12 유자 코코 휘낭시에

유자의 상큼함과 부드러운 코코넛이 만난 새로운 느낌의 휘낭시에입니다. 찹쌀이 들어가 쫀득한 식감이 더욱 특별한 매력이 있어요.

INGREDIENTS

8개 분량

버터	: 45g
박력쌀가루	: 28g
습식 찹쌀가루	: 17g
아몬드가루	: 10g
코코넛파우더	: 10g
베이킹파우더	: 1g
비정제 황설탕	: 30g
코코넛설탕	: 10g
흰자	: 70g
소금	: 1g
유자제스트	: 2g
유자필	: 10g
유자퓨레	: 10g
코코넛럼	: 5g
코코넛밀크	: 8g

●●○
레벨

190˚C 20분

미리 준비할 것

1 유자필은 2~3mm로 다져놓는다

2 박력쌀가루, 아몬드가루, 베이킹파우더는 체 쳐 준비한다.

유자코코 휘낭시에

준비하기 버터 : 45g, 박력쌀가루 : 28g, 습식 찹쌀가루 : 17g, 아몬드가루 : 10g, 코코넛파우더 : 10g, 베이킹파우더 : 1g, 비정제 황설탕 : 30g, 코코넛설탕 : 10g, 흰자 : 70g, 소금 : 1g, 유자제스트 : 2g, 유자필 : 10g, 유자퓨레 : 10g, 코코넛럼 : 5g, 코코넛밀크 : 8g

1 냄비에 버터를 넣고 약불에서 진한 갈색빛이 날 때까지 가열한다.

TIP 캐러멜 빛이 돌면 불을 끄고 잔열로 조금 더 색을 내주세요. 과하게 태워 색이 진해졌다면 불에서 내리자마자 얼음물에 받쳐 더이상 타지 않도록 해주세요.

2 차가운 흰자에 비정제 황설탕, 코코넛 설탕, 소금을 넣고 휘퍼로 가볍게 골고루 섞어준다.

TIP 오랜 시간 섞지 않고 알끈이 풀어지도록 섞어주는 정도가 좋아요.

3 체 친 가루류에 습식 찹쌀가루, 코코넛파우더를 넣고 휘퍼로 섞어준다.

4 녹여둔 버터를 한꺼번에 넣고 휘퍼로 잘 섞어준다. TIP 반죽에 섞을 때 버터의 온도는 60˚C

5 따듯하게 데운 코코넛밀크를 넣고 잘 섞어준다.

6 유자제스트, 유자퓨레, 코코넛럼을 순서대로 넣고 잘 섞어준다.

7 유자필을 넣고 휘퍼로 잘 섞어준 후, 주걱으로 마무리한다.

TIP 유자필, 유자제스트, 유자퓨레는 각각 다른 재료들이에요. (유자필 : Peel(껍질)을 설탕에 절인 것, 유자제스트 : Peel을 그레이터 등으로 갈은 것, 유자퓨레 : 과실을 파쇄하여 가는 체로 거른 것)

8 밀착 랩핑 후, 1시간 이상 냉장 휴지하고 꺼내어 잘 풀어준 후 짤주머니에 담아준다.

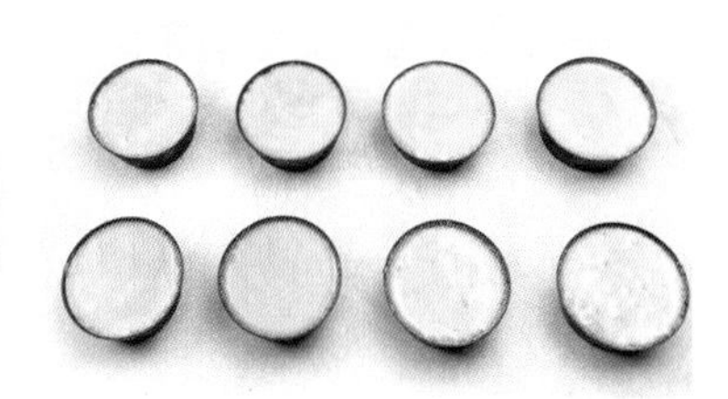

9 틀에 버터칠을 하고 설탕에 굴려 코팅해 준다.

10 틀의 90~95% 정도 채워준 후 190˚C에서 12분간 굽는다.

13 먹물 치즈 휘낭시에

오징어 먹물과 치즈만큼 잘 어울리는 재료가 있을까요?
짭조름한 먹물과 감칠맛 나는 치즈의 매력에 빠져보아요.

INGREDIENTS

8개 분량

버터	: 50g
박력쌀가루	: 25g
습식 찹쌀가루	: 15g
아몬드가루	: 10g
베이킹파우더	: 1g
슈가파우더	: 70g
소금	: 0.5g
오징어 먹물	: 3g
파마산 치즈가루	: 5g
후추	: 한 꼬집
흰자	: 80g
꿀	: 8g
그뤼에르치즈	: 25g
에멘탈 가공치즈	: 약간

●○○
레벨

190˚C 12분

먹물치즈 휘낭시에

준비하기

버터 : 50g, 박력쌀가루 : 25g, 습식 찹쌀가루 : 15g, 아몬드가루 : 10g, 베이킹파우더 : 1g, 슈가파우더 : 70g, 소금 : 0.5g, 오징어 먹물 : 3g, 파마산 치즈가루 : 5g, 후추 : 한 꼬집, 흰자 : 80g, 꿀 : 8g, 그뤼에르치즈 : 25g, 에멘탈 가공치즈 : 약간

1 냄비에 버터를 넣고 약불에서 진한 갈색빛이 날 때까지 가열한다.

TIP 캐러멜 빛이 돌면 불을 끄고 잔열로 조금 더 색을 내주세요. 과하게 태워 색이 진해졌다면 불에서 내리자마자 얼음물에 받쳐 더이상 타지 않도록 해주세요.

2 체 친 가루류(박력쌀가루, 아몬드가루, 베이킹파우더, 슈가파우더, 후추)에 습식 찹쌀가루와 파마산 치즈가루, 소금을 넣고 휘퍼로 가볍게 섞어준다.

3 흰자와 꿀을 넣고 휘퍼로 섞어준다.

4 오징어 먹물을 넣고 가볍게 섞어준다.

베이킹에 사용하는 먹물은 실제 오징어먹물 그대로 사용하는 것이 아니고 요리용으로 가공된 제품을 사용해야 합니다. 과하게 사용하면 비린 맛이 강해지므로 적절하게 조절하여 사용해 주세요.

5 녹여둔 버터를 한꺼번에 넣고 휘퍼로 잘 섞어준다. TIP 반죽에 섞을 때 버터의 온도는 60˚C

6 밀착 랩핑 후 1시간 이상 냉장 휴지하고 꺼내어 잘 풀어준 후 짤주머니에 담아준다.

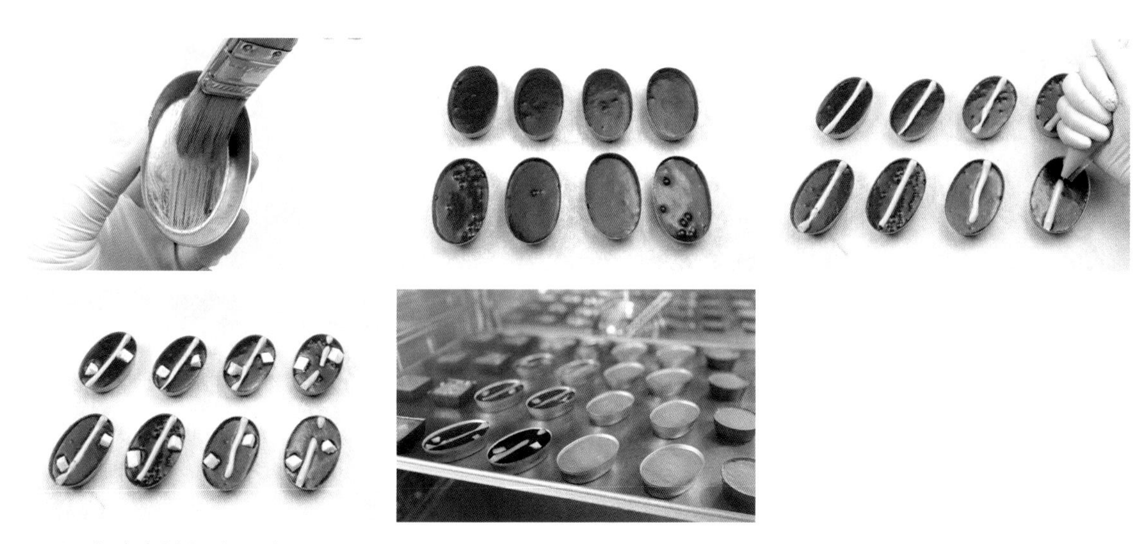

7 틀에 버터 칠을 하고 반죽을 90~95% 정도 채워준 후 에멘탈 가공치즈를 짜고 그뤼에르 치즈를 올려준다.

TIP **에멘탈치즈 스프레드** : 경질 치즈로 분류되는 에멘탈치즈를 베이킹에 잘 접목시킬 수 있도록 부드러운 스프레드 타입으로 가공한 스프레드입니다. (에멘탈치즈 스프레드는 다른 치즈로 대체하기 어렵습니다.)
그뤼에르치즈 : 에멘탈치즈와 함께 스위스에서 많이 생산되는 치즈입니다. 에멘탈치즈보다는 부드러운 치즈이며 적당한 짠맛과 풍미로 여러 가지 베이킹 품목에 베이스로 사용하기 좋습니다. 그뤼에르 치즈가 없다면 콜비잭치즈, 페퍼잭치즈, 에멘탈치즈 등 좋아하는 치즈로 대체해도 좋습니다.

8 190˚C에서 12분간 굽는다.

Vintage Cak
Timeless
Bundt, Chiffon,
Julie Richardson
Today's

14 오꼬노미 휘낭시에

오꼬노미의 쫀득한 식감은 쌀 베이킹과도 매우 잘 어울립니다. 어렵지 않게 만들 수 있는 휘낭시에 반죽에 오꼬노미 파우더를 넣으면 완성!

INGREDIENTS

8개 분량

버터 : 50g
강력쌀가루 : 20g
습식 찹쌀가루 : 15g
아몬드가루 : 10g
오꼬노미파우더 : 20g
베이킹파우더 : 1g
흰자 : 80g
설탕 : 40g
꿀 : 10g
소금 : 1g
다진 문어 : 30g

× 속재료

파래가루 : 약간
덴카츠 : 약간

× 데코용

오코노미 소스 : 약간
가쓰오부시 : 약간

●○○ 레벨

190˚C 12분

미리 준비할 것

1 강력쌀가루, 아몬드가루, 오꼬노미파우더, 베이킹파우더는 미리 체 쳐 준비한다.

➔ 오꼬노미 휘낭시에

준비하기 버터 : 50g, 강력쌀가루 : 20g, 습식 찹쌀가루 : 15g, 아몬드가루 : 10g, 오꼬노미 파우더 : 20g, 베이킹파우더 : 1g, 흰자 : 80g, 설탕 : 40g, 꿀 : 10g, 소금 : 1g, 다진 문어(오꼬노미용 오징어로 대체 가능) : 30g

1 냄비에 버터를 넣고 약불에서 진한 갈색빛이 날 때까지 가열한다.

TIP 캐러멜 빛이 돌면 불을 끄고 잔열로 조금 더 색을 내주세요. 과하게 태워 색이 진하면 불에서 내리자마자 얼음물에 받쳐 더이상 태우지 않도록 해주세요.

2 차가운 흰자에 설탕, 꿀, 소금을 넣고 휘퍼로 가볍게 골고루 섞어준다.

TIP 오랜 시간 섞지 않고 알끈이 풀어지도록 섞어주는 정도가 좋아요.

3 체 친 가루류와 습식 찹쌀가루를 넣고 휘퍼로 섞어준다.
4 다진 문어를 넣고 휘퍼로 잘 섞어준다.

5 녹여둔 버터를 한꺼번에 넣고 휘퍼로 잘 섞어준다. TIP 반죽에 섞을 때 버터의 온도는 60˚C
6 밀착랩핑 후 1시간 이상 냉장 휴지하고 꺼내어 잘 풀어준 후 짤주머니에 담아준다.
7 포마드 버터를 틀에 골고루 발라준다.

8 틀의 1/2 정도 반죽을 짜준 후 속 재료 (파래가루, 텐카츠 등)를 넣어준 후 다시 반죽을 짜준다.
TIP 틀의 95%까지 채워주세요.
9 190˚C 오븐에서 12분간 굽는다.
10 한 김 식으면 오꼬노미 소스를 뿌리고 가쓰오부시를 올려 장식한다.

15 허니고르곤 휘낭시에

고르곤졸라 치즈는 꿀과 참 잘 어울려요. 찹쌀을 넣어 만드는 휘낭시에 반죽에 치즈를 넣고 구운 다음 꿀을 뿌려 먹으면 입안에 퍼지는 고르곤졸라 치즈의 풍미가 더욱 깊어집니다.

INGREDIENTS

8개 분량

버터	: 50g
박력쌀가루	: 25g
습식 찹쌀가루	: 22g
아몬드가루	: 10g
베이킹파우더	: 1g
고르곤졸라 피칸테	: 15g
소금	: 1g
흰자	: 80g
꿀	: 8g
슈가파우더	: 70g

●○○
레벨

190˚C 12분

미리 준비할 것

1 박력쌀가루, 아몬드가루, 베이킹파우더는 미리 체 쳐 준비한다.

2 고르곤졸라는 잘게 잘라 중탕으로 부드럽게 풀어둔다. 녹아내릴 정도로 뜨겁게 만들지 않고 주걱으로 눌러 부드럽게 풀어지는 정도면 중탕을 멈춘다.

허니고르곤 휘낭시에

준비하기 버터 : 50g, 박력쌀가루 : 25g, 습식 찹쌀가루 : 22g, 아몬드가루 : 10g, 베이킹파우더 : 1g, 고르곤졸라 피칸테 : 15g, 소금 : 1g, 흰자 : 80g, 꿀 : 8g, 슈가파우더 : 70g

1 냄비에 버터를 넣고 약불에서 진한 갈색빛이 날 때까지 가열한다.

2 얼음물에 받쳐 잔열에 더 타지 않도록 한다.

3 체 친 가루류에 습식쌀가루와 소금을 넣고 휘퍼로 가볍게 섞어준다.

4 흰자와 꿀을 넣고 휘퍼로 섞어준다.

5 녹여둔 버터를 한꺼번에 넣고 휘퍼로 잘 섞어준다. TIP 반죽에 섞을 때 버터의 온도는 60˚C

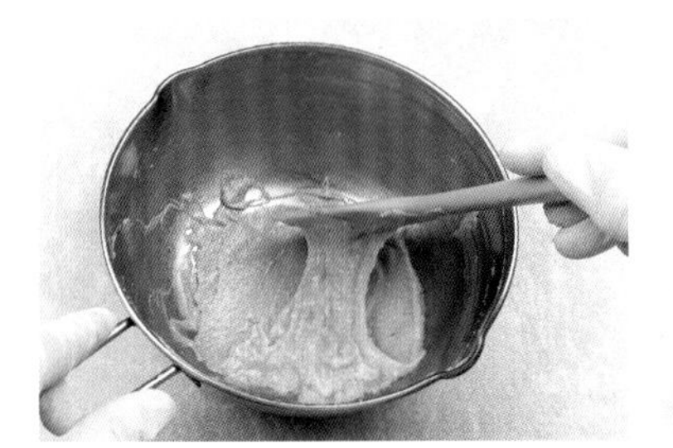

6 중탕으로 부드럽게 풀어둔 고르곤졸라를 넣고 휘퍼로 골고루 잘 섞어준다.

7 1시간 이상 냉장 휴지하고 꺼내어 잘 풀어준 후 짤주머니에 담아준다.

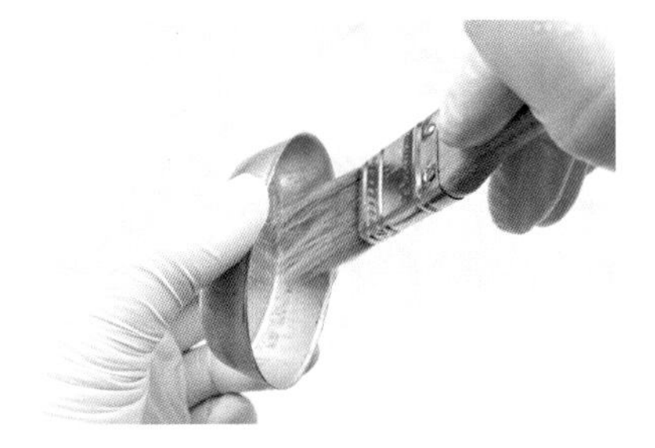
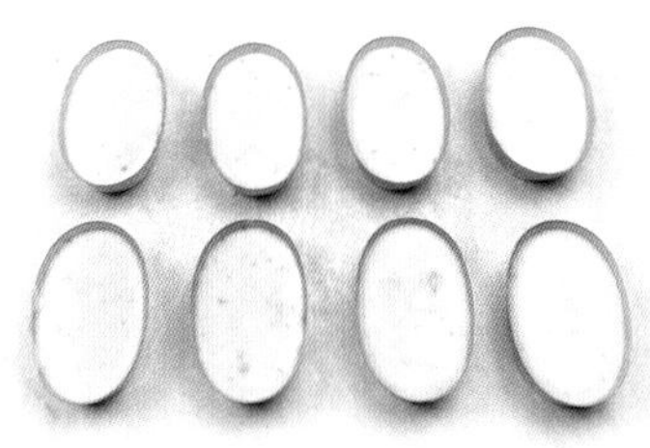

8 틀에 버터칠을 하고 95% 정도 채워준다.

9 190˚C에서 12분간 굽는다.

CHAPTER

06

홈파티로 즐기는 데일리 디저트

조금은 특별하게 보내고 싶은 날!
예쁘고 맛있는 디저트를 준비해보세요.
입으로도 눈으로도 즐길 준비되셨나요?

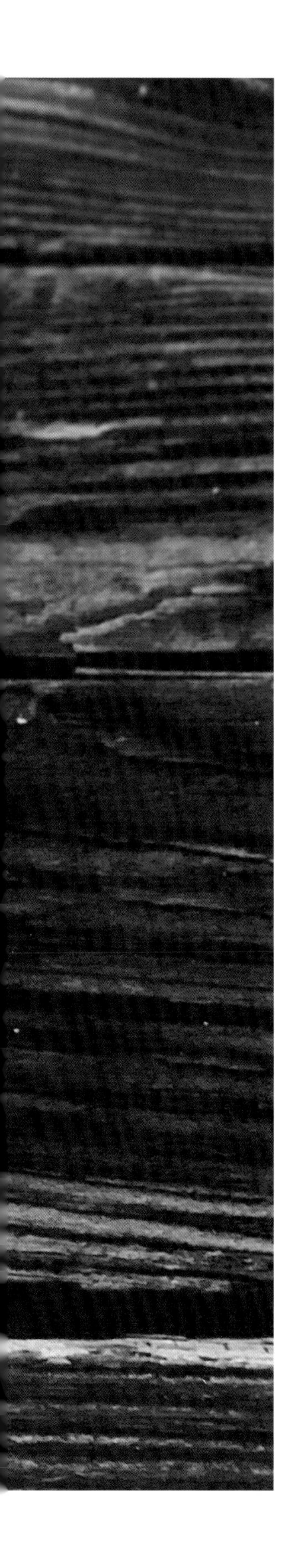

01 시나몬 파운드케이크

밀크초콜릿과 생크림이 시나몬 향과 함께 어우러진 파운드 케이크입니다. 간단히 즐기는 티푸드로도 정말 좋아요.

INGREDIENTS

오란다틀(15.5cmX7.5cmX6.5cm) 1개 분량

버터	: 100g
비정제 황설탕	: 60g
꿀	: 30g
전란	: 35g
노른자	: 50g
바닐라익스트랙	: 2방울
호두술	: 10g
강력쌀가루	: 45g
아몬드가루	: 20g
옥수수전분	: 50g
베이킹파우더	: 2g
시나몬파우더	: 6g

× 가나슈

초콜릿	: 35g
생크림	: 40g

●●○ 레벨

160˚C 45분

시나몬파운드

준비하기 버터 : 100g, 비정제 황설탕 : 60g, 꿀 : 30g, 전란 : 35g, 노른자 : 50g, 바닐라익스트랙 : 2방울, 호두술 : 10g, 강력쌀가루 : 45g, 아몬드가루 : 20g, 옥수수전분 : 50g, 베이킹파우더 : 2g, 시나몬파우더 : 6g, (가나슈 - 초콜릿 : 35g, 생크림 : 40g)

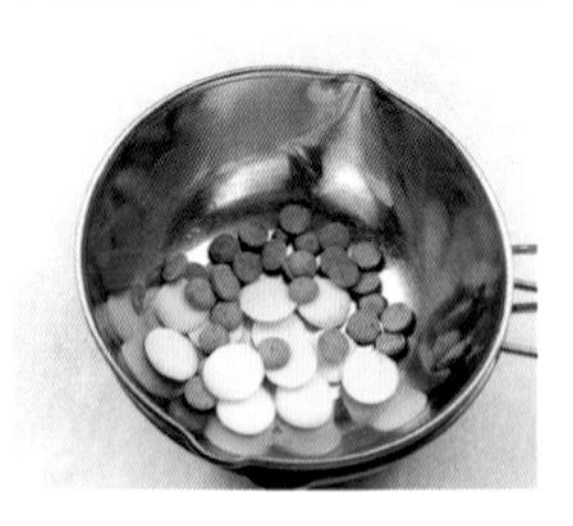
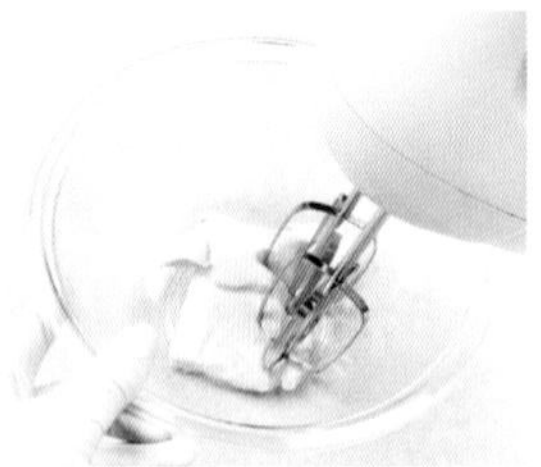

1 중탕으로 녹인 초콜릿에 데운 생크림을 붓고 잘 섞어 가나슈를 만든다.

TIP 반죽에 섞을 때 45~50˚C, 초콜릿은 다크 초콜릿, 밀크 초콜릿 모두 사용해도 좋고, 다크 초콜릿과 화이트 초콜릿을 섞어도 좋아요.

2 실온에 두어 부드러운 버터를 믹서로 잘 풀어준 후 설탕, 꿀을 넣고 미색이 될 때까지 고속으로 휘핑한다.

3 전란, 노른자를 조금씩 흘려 넣으며 휘핑한 후 바닐라익스트랙, 호두술을 넣고 휘핑한다.

4 따듯하게 준비한 가나슈에 2.의 반죽을 조금 덜어 애벌섞기 한 후 다시 본반죽에 넣고 휘핑한다.

5 가루류(강력쌀가루, 아몬드가루, 옥수수전분, 베이킹파우더, 시나몬파우더)를 체 쳐 넣고 주걱 날을 세워 섞어준 후 짤주머니에 담아준다.

6 유산지를 깐 팬에 반죽을 짜주고 주걱으로 가운데는 조금 낮게 양 끝은 조금 높게 만들어준다.

7 160˚C에서 45~50분간 구워준다.

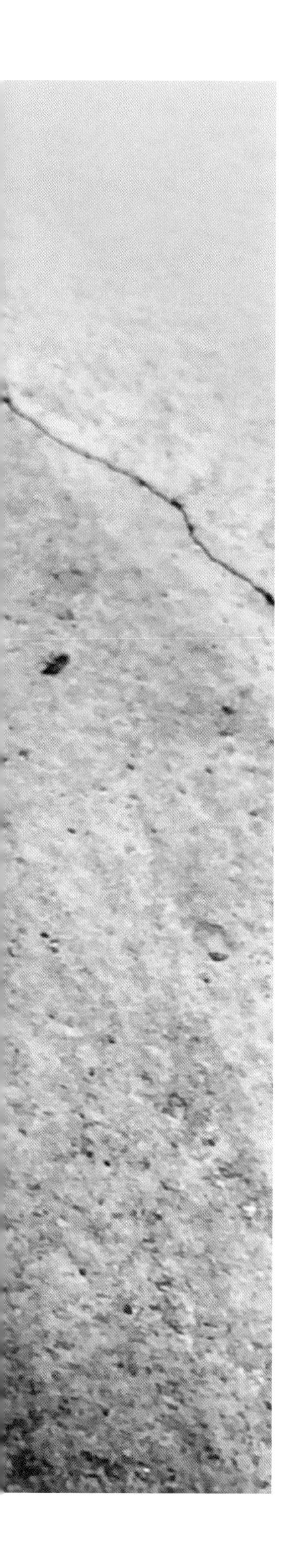

02 쑥절미 머핀

쑥머핀의 향긋함과 인절미 크림의 고소함이 잘 어우러져 한번 맛보면 계속 생각나는 머핀입니다. 쑥과 인절미의 찰떡 궁합을 느껴보세요. 모양이 예뻐서 선물용으로도 너무 좋아요.

INGREDIENTS

6개 분량

버터	: 100g
비정제 황설탕	: 90g
전란	: 80g
강력쌀가루	: 120g
쑥가루	: 8g
베이킹파우더	: 4g
베이킹소다	: 1g
소금	: 1g
우유	: 30g
캐러멜소스	: 35g
슬라이스아몬드	: 50g

× 캐러멜소스

설탕	: 100g
생크림	: 120g
물	: 10g

× 인절미크림

생크림	: 200g
슈가파우더	: 20g
볶은 콩가루	: 20g
소금	: 1g
호두술	: 10g

●●● 레벨

170˚C 20분

쑥절미 머핀

준비하기 버터 : 100g, 비정제 황설탕 : 90g, 전란 : 80g, 강력쌀가루 : 120g, 쑥가루 : 8g, 베이킹파우더 : 4g, 베이킹소다 : 1g, 소금 : 1g, 우유 : 30g, 캐러멜소스 : 35g, 슬라이스아몬드 : 50g

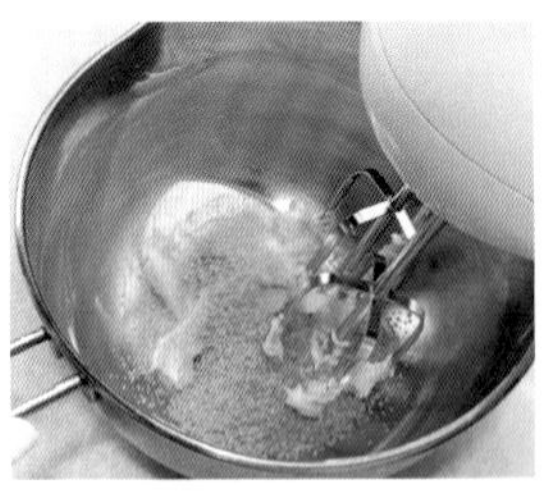

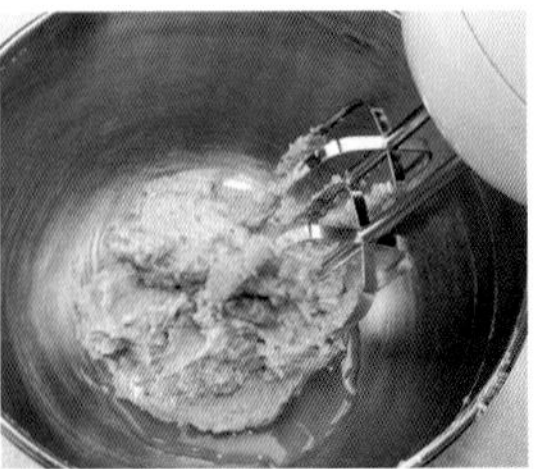

1 실온(26~27˚C)에 두어 부드러운 버터에 설탕, 소금을 3~4회 나누어 넣고 잘 섞는다.
2 캐러멜소스를 넣고 잘 휘핑한다.
3 전란과 노른자를 3~4회 나누어 넣으며 분리되지 않도록 잘 휘핑한다.

4 쑥 가루를 넣고 골고루 섞일 정도로만 휘핑한다.
5 체 친 가루류(강력쌀가루, 베이킹파우더, 베이킹소다)를 넣어 섞다가 데운 우유(40˚C)를 넣은 후 주걱 날을 세워 뒤엎어가며 잘 섞어준다.
6 슬라이스 아몬드를 넣고 섞어준 후 짤주머니에 담아 준비한다.

7 은박 머핀컵에 베이킹컵을 깔고 반죽 85g을 넣어준다.
8 170˚C에서 20~23분간 구워준다.

9 틀에서 완전히 식힌 머핀을 옆으로 뉘어 조심스럽게 꺼내준다.
10 젓가락 등을 이용해 머핀의 가운데를 파 준다.
11 인절미크림을 채워 얹은 후 아몬드 슬라이스로 데코한다. TIP 인절미 크림 : 260쪽 참고

➲ 캐러멜소스 만들기

준비하기 설탕 : 100g, 생크림 : 120g, 물 : 10g

1 냄비에 물과 설탕을 넣고 끓인다.
TIP 설탕이 완전히 녹기 전에 저어 주면 결정이 생길 수 있으므로 다 녹기 전에는 젓지 않도록 해주세요.
2 생크림을 뜨겁게 데워둔다.
3 설탕이 베이지 색을 띠면 불을 끄고 뜨거운 생크림을 3~4회 나누어 넣는다.
4 불을 켜고 진한 갈색이 될 때까지 주걱으로 저어가며 끓인다.

인절미크림 만들기

준비하기 생크림 : 200g, 슈가파우더 : 20g, 볶은 콩가루 : 20g, 소금 : 1g, 호두술 : 10g

1 생크림을 담은 볼을 얼음물에 받치고 슈가파우더, 소금을 넣은 후, 중속으로 휘핑한다.

2 부드러운 마요네즈 정도의 상태가 되면 볶은 콩가루를 넣고 중속으로 휘핑한다.

3 부드러운 뿔이 서는 정도까지만 휘핑한다.

TIP 볶은 콩가루가 들어가면 질감이 거칠어지므로 과휘핑되지 않도록 주의해 주세요.

4 호두술을 넣고 주걱으로 가볍게 섞어주며 마무리한다.

03 유자 머핀

촉촉한 머핀에 유자 아이싱을 올려 상큼하게 즐길 수 있는 디저트예요. 한 입 베어 무는 순간 상큼한 맛에 미소가 절로 지어지는 사랑스러운 맛이랍니다.

INGREDIENTS

6개 분량

버터	: 100g
전란	: 70g
노른자	: 30g
설탕	: 70g
유자제스트	: 3g
소금	: 1g
박력쌀가루	: 70g
옥수수전분	: 20g
베이킹파우더	: 3g
유자즙(유자퓨레)	: 10g
우유	: 20g
삼색 콩배기	: 40g

× 유자 아이싱

화이트 코팅초콜릿	: 80g
유자즙(유자퓨레)	: 10g

●●○ 레벨

170˚C 20분

미리 준비할 것

1 설탕과 유자제스트는 미리 잘 섞어둔다.

TIP 유자의 향이 잘 우러나와요.

유자머핀

준비하기 버터 : 100g, 전란 : 70g, 노른자 : 30g, 설탕 : 70g, 유자제스트 : 3g, 소금 : 1g, 박력쌀가루 : 70g, 옥수수전분 : 20g, 베이킹파우더 : 3g, 유자즙(유자퓨레) : 10g, 우유 : 20g, 삼색 콩배기 : 40g

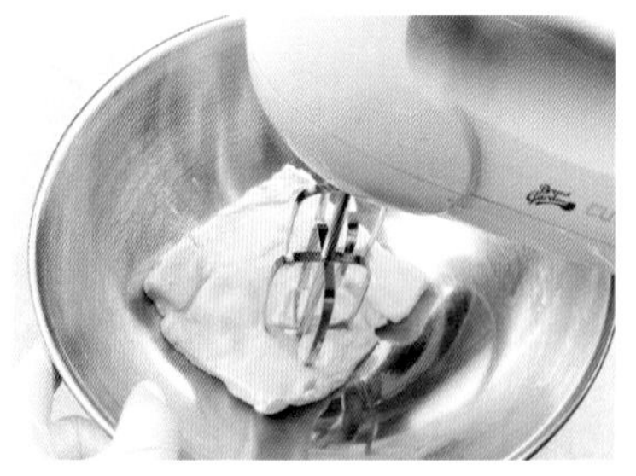
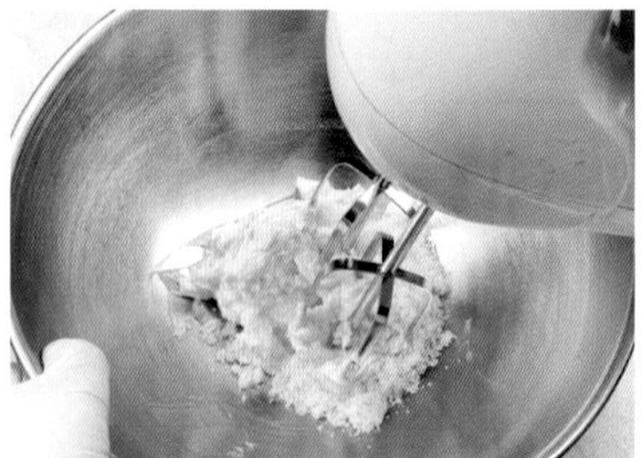
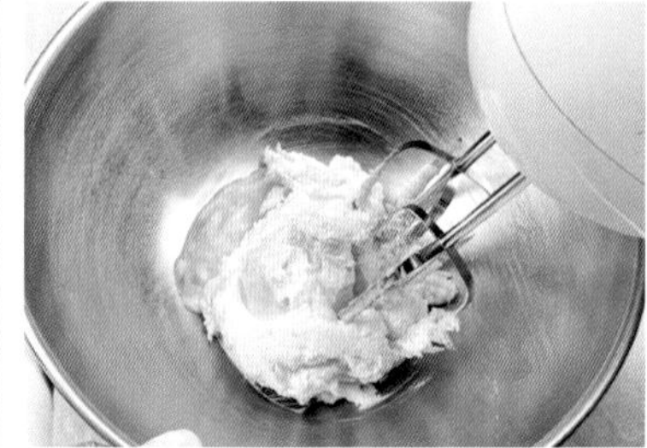

1 실온(26~27˚C)에 두어 말랑해진 버터를 잘 풀어준 후 설탕과 유자제스트, 소금을 넣고 휘핑한다.
2 전란, 노른자를 5~6회 나누어가며 중속으로 천천히 휘핑한다.

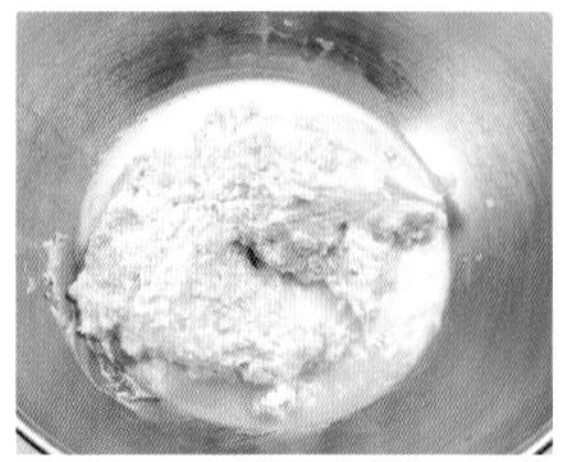

3 가루류를 체 쳐 넣고 주걱 날을 세워 자르듯이 뒤엎어가며 섞어준다.
4 유자즙과 데운 우유(40˚C 전후)를 넣고 잘 섞어준 후 삼색 콩배기를 넣고 가볍게 섞은 후 짤주머니에 담아둔다.

5 은박 머핀컵에 베이킹컵을 넣고 80%까지 반죽을 채워준다.
6 170˚C 오븐에서 20~22분간 구워준다.
7 한 김 식으면 표면에 유자아이싱을 바르고 유자제스트로 장식한다.

유자 아이싱 만들기

준비하기 화이트 코팅초콜릿 : 80g, 유자즙(유자퓨레) : 10g

1 화이트 코팅초콜릿에 유자즙을 넣고 초콜릿이 녹을 정도로 녹인 후 짤주머니에 담아준다.
TIP 살짝 걸죽해지면 머핀에 짜고 펴 발라주세요.

04 베리치즈 머핀

상큼한 베리류와 치즈의 조합은 상상 이상으로 잘 어울립니다. 만들기도 쉽고 누구나 좋아하는 베리치즈 머핀을 함께 만들어 보아요.

INGREDIENTS

8개 분량

버터	: 70g
크림치즈 A	: 50g
플레인요거트(무가당)	: 30g
비정제 황설탕	: 90g
전란	: 100g
강력쌀가루	: 90g
옥수수전분	: 30g
베이킹파우더	: 5g
레몬즙	: 10g
우유	: 30g
유자제스트	: 2g
체리술(키르시)	: 10g
냉동 블루베리	: 40g
냉동 라즈베리	: 30g
냉동 크랜베리	: 30g
크림치즈 B	: 60g

●●○
레벨

170˚C 20분

➔ 베리 치즈 머핀

준비하기 버터 : 70g, 크림치즈 A : 50g, 플레인요거트(무가당) : 30g, 비정제 황설탕 : 90g, 전란 : 100g, 강력쌀가루 : 90g, 옥수수전분 : 30g, 베이킹파우더 : 5g, 레몬즙 : 10g, 우유 : 30g, 유자제스트 : 2g, 체리술(키르시) : 10g, 냉동 블루베리 : 40g, 냉동 라즈베리 : 30g, 냉동 크랜베리 : 30g, 크림치즈 B : 60g

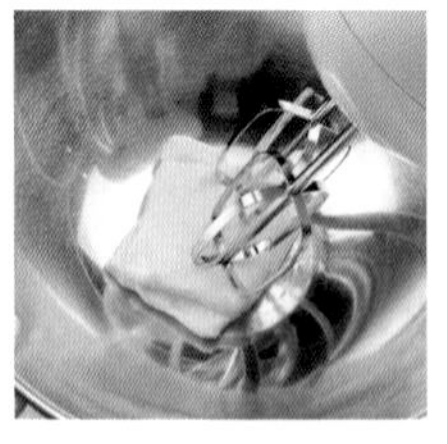
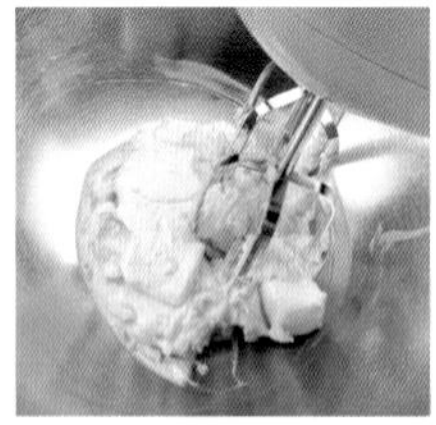
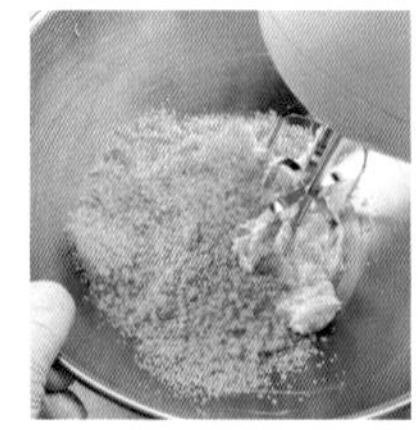

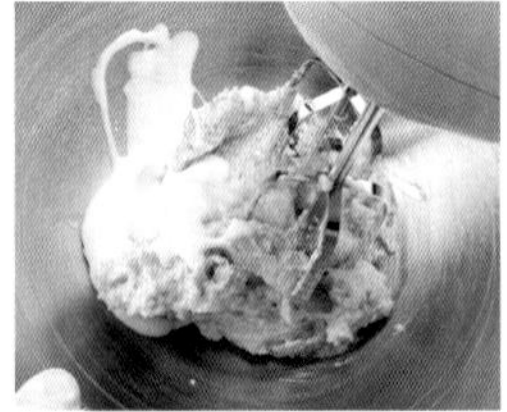

1 실온(26~27˚C)에 두어 말랑해진 버터와 크림치즈A를 중속으로 휘핑한다.

2 설탕을 2~3번에 나누어 넣으며 중속으로 휘핑한 후 플레인요거트(무가당)를 넣고 휘핑한다.

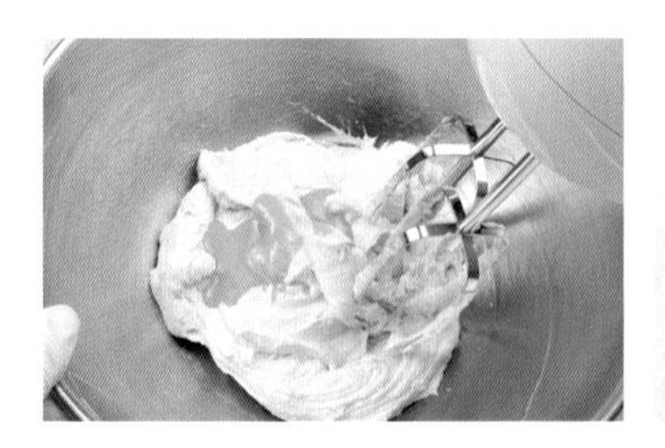

3 전란을 6~7회에 나누어 휘핑한다.

> **TIP** 반죽에 수분이 많아 다루기 힘들다면 전란이 2/3 정도 투입되었을 때 가루류의 10% 정도를 체 쳐 넣고 주걱 날을 세워 섞어주세요.

4 가루류(강력쌀가루, 옥수수전분, 베이킹파우더)를 체 쳐넣고 주걱 날을 세워 자르듯 뒤엎어가며 섞어준다.

5 날가루가 조금 남아있을 때 레몬즙, 우유, 유자제스트, 체리술(키르시)를 넣고 재빠르게 섞어준 후 짤주머니에 담는다.

6 반죽을 머핀컵의 1/3 정도 짜고 크림치즈 B를 넣는다. (크림치즈는 개당 약 7g 정도)

7 냉동과일을 넣고 컵의 2/3까지 반죽을 다시 채워준다.

TIP 냉동과일 대신 베리잼을 1스푼 넣어도 좋아요. (베리잼 만드는 법은 206쪽 참고)

8 170도에서 20~22분간 구워준다. TIP 베이킹컵을 분리하려면 완전히 식힌 후 옆으로 뉘여 조심스럽게 벗겨주세요.

05 당근피칸 머핀

피칸을 듬뿍 넣은 당근 머핀은 촉촉함과 씹는 맛을 고루 느낄 수 있는 디저트입니다. 반죽이 쉬워서 초보자도 쉽게 따라 할 수 있는 매력적인 디저트에요.

INGREDIENTS

8개 분량

전란	: 50g
비정제 황설탕	: 100g
식용유	: 70g
플레인요거트(무가당)	: 70g
소금	: 1g
당근(다진 것)	: 100g
무화과(다진 것)	: 30g
피칸분태	: 80g
건크랜베리	: 30g
호두술	: 10g
강력쌀가루	: 125g
베이킹파우더	: 3g
베이킹소다	: 2g
시나몬파우더	: 7g

●○○
레벨

160˚C 30분

당근피칸 머핀

준비하기 전란 : 50g, 비정제 황설탕 : 100g, 식용유 : 70g, 플레인요거트(무가당) : 70g, 소금 : 1g, 당근(다진 것) : 100g, 무화과(다진 것) : 30g, 피칸분태 : 80g, 건크랜베리 : 30g, 호두술 : 10g, 강력쌀가루 : 125g, 베이킹파우더 : 3g, 베이킹소다 : 2g, 시나몬파우더 : 7g

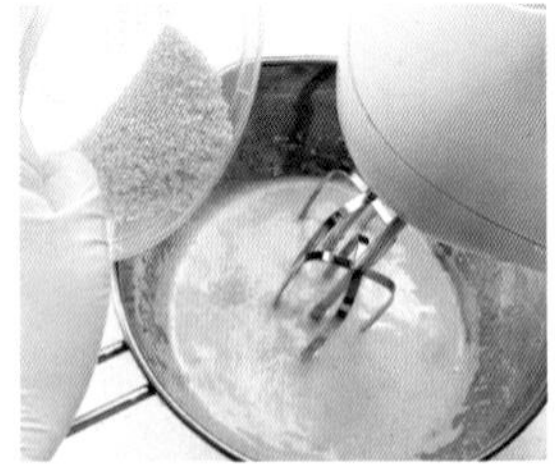

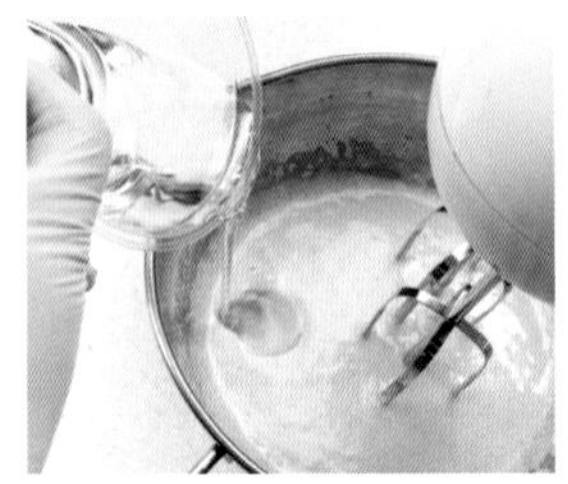

1 전란에 설탕, 소금을 천천히 4~5회 나누어 넣으며 중속으로 휘핑한다.

2 식용유를 4~5회 정도 천천히 나누어 넣으며 휘핑한다.

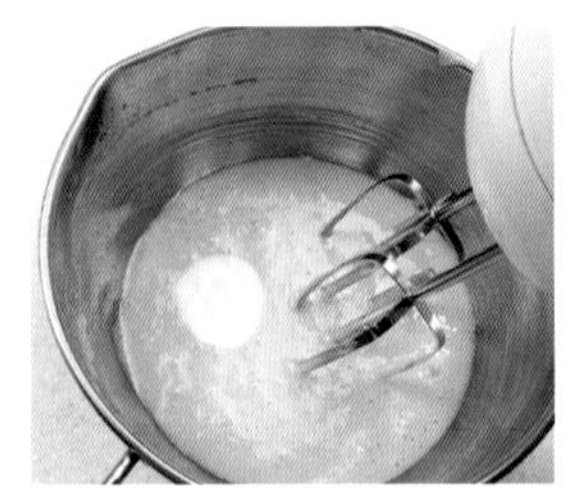

3 요거트를 넣고 중속으로 휘핑한다.

4 체 친 가루류(강력쌀가루, 베이킹파우더, 베이킹소다, 시나몬 파우더)를 넣고 주걱으로 잘 섞어준 후 호두술을 넣고 섞어준다.

5 다진 당근, 무화과, 피칸, 건크랜베리를 넣고 골고루 섞어준다.

6 팬에 머핀컵을 넣고 틀의 80%를 채우고 표면을 평평하게 정리한다.

7 160˚C 오븐에 넣고 30~35분간 구워준다.

06 말차 하트 파운드케이크

소중한 사람에게 사랑을 전하고 싶을 때 케이크 속에 마음을 담아 전해보는 것은 어떨까요? 촉촉한 파운드 케이크 속에 사랑하는 마음을 하트로 표현해 보세요.

INGREDIENTS

오란다틀(15.5cmX7.5cmX6.5cm) 1개 분량

버터	: 100g
설탕	: 90g
전란	: 100g
강력쌀가루	: 100g
말차가루	: 6g
베이킹파우더	: 3g
생크림	: 20g

× 레드제누아즈 15cm 1호 틀 1개 분량

전란	: 130g
설탕	: 80g
박력쌀가루	: 75g
홍국쌀가루	: 8g
버터	: 20g
우유	: 30g

레벨

160˚C 35분

➔ 레드 제누아즈 만들기 (1호틀 기준)

준비하기 전란 : 130g, 설탕 : 80g, 박력쌀가루 : 75g, 홍국쌀가루 : 8g, 버터 : 20g, 우유 : 30g

1 전란에 설탕을 넣고 중탕볼에 올려 온도를 올린다. TIP 여름철: 36~37˚C, 겨울철 : 38~40˚C

2 버터, 우유도 중탕으로 데워둔다. TIP 반죽에 투입할 때는 45~50도 전후

3 볼에서 내려 고속으로 휘핑한다.

4 자국이 3~4초 정도 부드럽게 유지되다 사라지면 저속으로 1~2분간 기포를 정리한다.

5 가루류(박력쌀가루, 홍국쌀가루)를 체 쳐 넣고 주걱 날을 세워 뒤엎어가며 날가루 없이 섞어준다.

6 중탕으로 녹인 버터, 우유에 반죽을 조금 덜어 섞어준다.

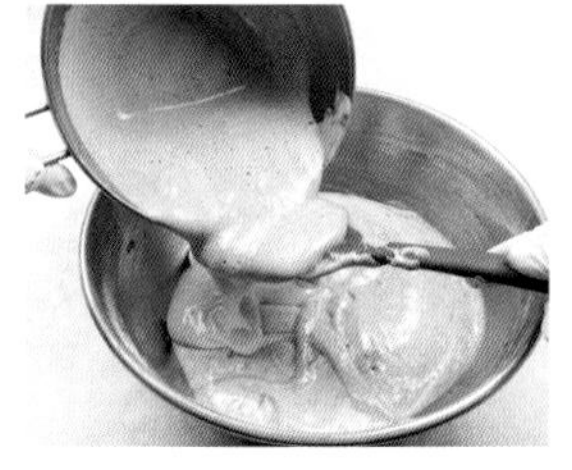

7 다시 본 반죽에 붓고 주걱으로 재빠르게 잘 섞어준다.

8 유산지를 깐 틀에 반죽을 붓고 바닥에 2~3번 내리친다.

9 165˚C 오븐에서 30분간 구워준다.
10 오븐에서 꺼내자마자 틀째로 바닥에 내려친다.
11 틀에서 바로 꺼내 뒤집어 식혀둔다.

준비하기

1 레드 제누아즈는 각봉을 이용하여 1.5cm로 슬라이스하고 하트틀로 찍어 준비한다.
2 포마드버터로 틀 안을 칠하고 강력쌀가루를 체 친 후 털어내어 냉동실에 보관해둔다.

말차 하트파운드 만들기

준비하기 버터 : 100g, 설탕 : 90g, 전란 : 100g, 강력쌀가루 : 100g, 말차가루 : 6g, 베이킹파우더 : 3g, 생크림 : 20g

1 포마드버터를 잘 풀어준 후 설탕을 4~5회 나누어 넣고 중속으로 휘핑한다.

2 실온(26~27˚C)의 전란을 5~6회 나누어 넣어가며 휘핑한다.

TIP 차가운 전란은 버터와 분리가 되기 때문에 실온에 두어 찬기가 없게 준비해 주세요.

3 가루를 체 쳐 넣고 주걱 날을 세워 잘 섞어준다.

4 날가루가 조금 남았을 때 생크림을 넣고 잘 섞은 후, 짤주머니에 담아 준비한다.

5 바닥에서 1cm 정도를 짠 후 양 옆을 높게 짜준다.

6 가운데 부분에 레드 제누아즈로 만든 하트 꼬리가 아래로 가도록 넣어준다.

7 반죽으로 윗면을 평평하게 짜준다.

8 가운데는 낮고 양 옆은 높게 짜준 후 테두리를 정리한다.

9 160˚C에서 35분간 구워준다.

07 딸기타르트

딸기 철에 꼭 만들어보아야 하는 메뉴가 있다면 바로 이 딸기타르트예요. 바삭한 타르트지에 맛있는 디플로마트 크림, 그리고 상큼한 딸기가 얹어지면 최고의 타르트가 완성됩니다.

INGREDIENTS

높은 타르트틀 (15cmX3cm)

× 파트사브레

버터	: 70g
슈가파우더	: 50g
소금	: 1g
전란	: 10g
노른자	: 20g
아몬드가루	: 30g
박력쌀가루	: 110g
코팅용 화이트초콜릿	: 30g

× 디플로마트 크림

노른자	: 30g
설탕A	: 15g
옥수수전분	: 10g
우유	: 120g
바닐라빈	: 3cm
설탕B	: 15g
쿠앵트로	: 5g
판젤라틴	: 2g
생크림	: 150g

●●● 레벨

160˚C 35분

➔ 파트 사브레 만들기

준비하기 차가운 버터 : 70g, 슈가파우더 : 50g, 소금 : 1g, 전란 : 10g, 노른자 : 20g, 아몬드가루 : 30g, 박력쌀가루 : 110g, 코팅용 화이트초콜릿 : 30g

1 푸드프로세서에 버터 ,쌀가루, 아몬드가루, 소금, 슈가파우더를 넣고 5초씩 끊어가며 돌려준다.

2 버터가 좁쌀만한 크기가 되면 전란과 노른자를 넣고 5초씩 끊어가며 돌려준다.

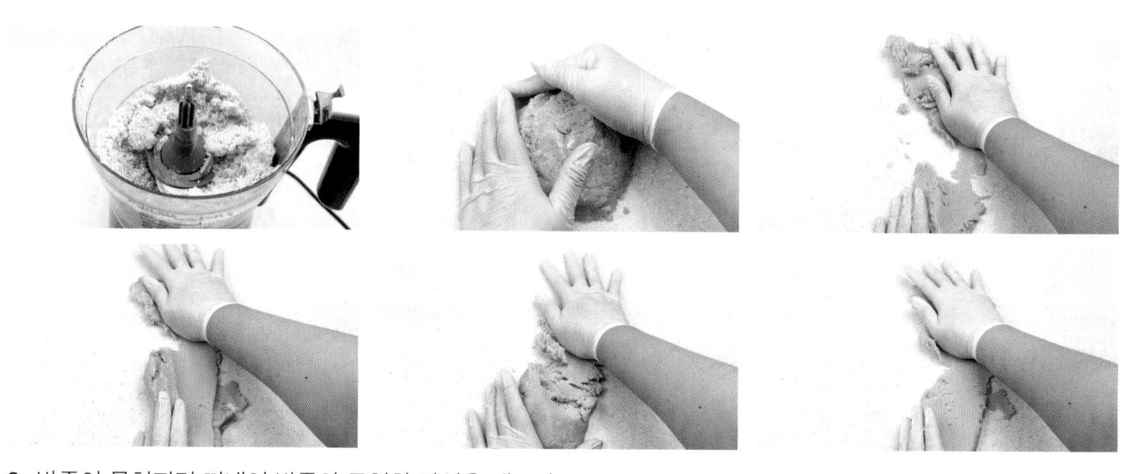

3 반죽이 뭉쳐지면 꺼내어 반죽의 균일화 작업을 해준다.

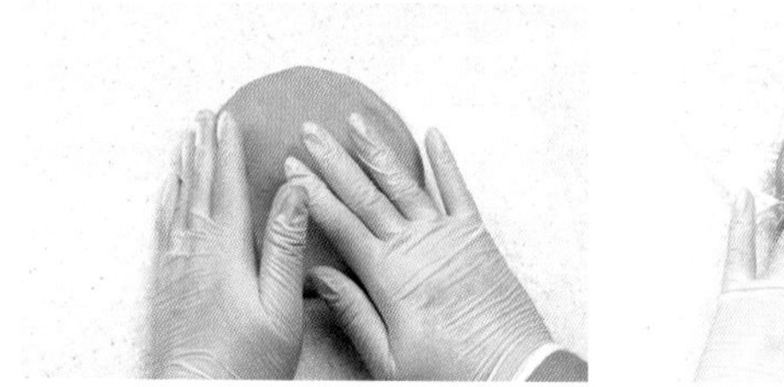
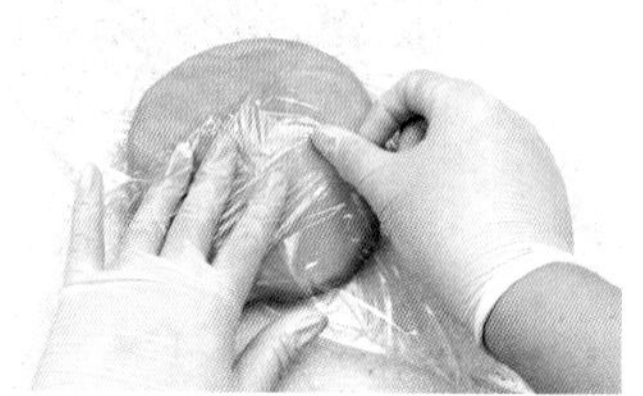

4 평평하고 동그랗게 만들어 랩핑해 준 후 냉장에서 1시간 휴지한다.

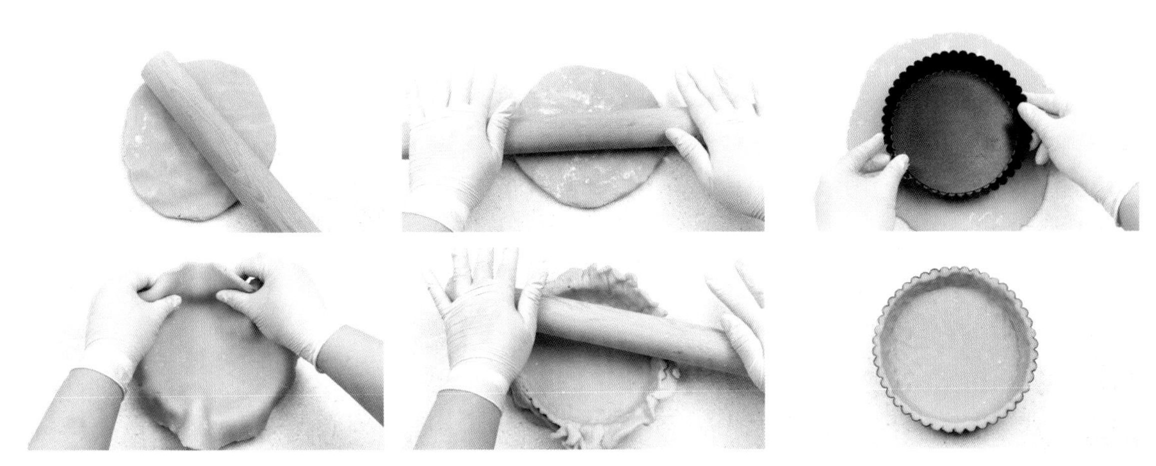

5 반죽을 방망이로 두드린 후 4mm 두께로 균일하게 밀어서 틀에 꼼꼼히 밀착한다.

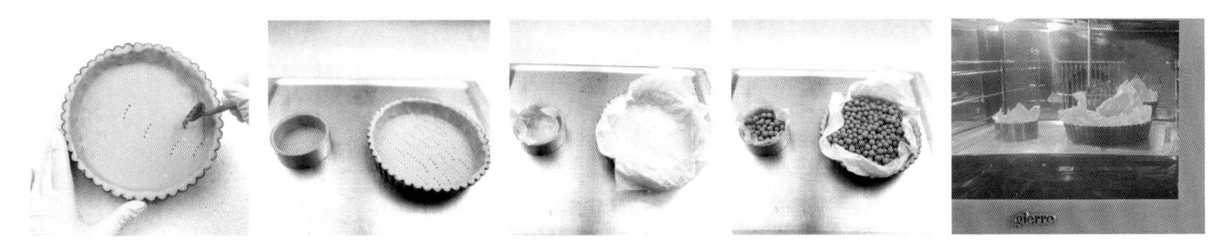

6 피케 후 유산지를 깔고 누름돌을 올려 170˚C에서 15분굽고 누름돌을 빼고 10분 더 굽는다.

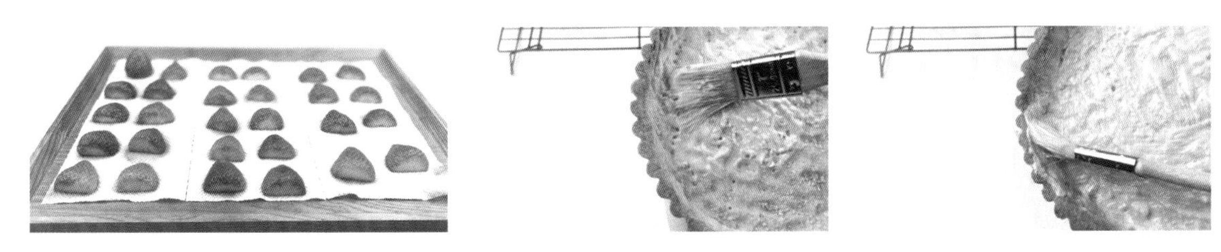

7 딸기는 씻은 후 반을 잘라 키친타월에 받쳐 물기를 제거한다.

8 한 김 식은 타르트지에 녹인 화이트 초콜릿을 골고루 발라둔다.

TIP 크림의 수분이 타르트지로 이동하면 식감이 눅눅해지는데, 이것을 최대한 지연시키기 위해 초콜릿으로 코팅해 줍니다. 밀크 또는 다크 초콜릿을 사용할 수 있지만 컷팅했을 때 단면에 표시가 나지 않는 것은 화이트 초콜릿이지요.

디플로마트 크림 만들기

준비하기 노른자 : 30g, 설탕A : 15g, 옥수수전분 : 10g, 우유 : 120g, 바닐라빈 : 3cm, 설탕B : 15g, 쿠앵트로 : 5g, 판젤라틴 : 2g, 생크림 : 150g

1 볼에 노른자를 풀어 설탕A를 넣고 손 휘퍼로 잘 섞어준다.

2 옥수수 전분을 체 쳐 넣고 휘퍼로 잘 섞는다.

3 판젤라틴은 얼음물에 넣어 불려둔다.

4 냄비에 우유, 바닐라빈, 설탕B를 넣고 데워준다. TIP 가장자리가 끓을 정도만 데워주세요.

5 2.의 노른자 반죽에 4.를 조금씩 부으며 섞어준다.

6 다시 냄비로 옮기고 주걱으로 저어가며 걸죽한 커스터드 크림으로 만든다.

TIP 주걱으로 긁었을 때 바닥면이 2~3초 정도 보이는 때까지, 대략 80˚C까지 데워주세요.

7 불에서 내려 계속 저어주며 찬물에 불려놓은 젤라틴을 꾹 짜서 넣고 잘 섞어준다.

8 체에 내려준다. TIP 익어서 생긴 덩어리나 덜 녹은 젤라틴 등이 걸러져요.

9 얼음물에 받쳐 재빠르게 식혀준다. TIP 27~28˚C까지

10 생크림에 쿠앵트로를 넣고 부드러운 뿔이 생길때가지 휘핑한다.

11 커스터드 크림에 생크림을 2번에 나누어 섞어준다.

TIP 핸드믹서의 휘핑 날을 1개만 장착하여 저속으로 골고루 섞어주세요. 과휘핑되지 않도록 주의해 주세요.

딸기타르트 데코하기

12 구워놓은 타르트지 위에 생크림을 채운다. TIP 가운데 부분을 봉긋하게 해줘야 타르트 모양이 예뻐요.

13 과일을 올리고 금가루 등으로 장식한다.